天下‧文化
BELIEVE IN READING

U0086769

科學天地 129 World of Science

熵的神祕國度

貝南／著

王碧、牟昀／譯

牟中原／審訂

Entropy Demystified
The Second Law Reduced to Plain Common Sense with Seven Simulated Games

by Arieh Ben-Naim

此照片由作者在 1978 年 9 月攝於維也納

謹以此書獻給

波茲曼

（Ludwig Boltzmann, 1844-1906）

有序

無序

熵的神祕國度
Entropy Demystified

目錄

第三章 我們先來玩真的骰子吧 86

審訂者序
最值得了解的科學理念

　　有個人，姑且叫他小王吧，工作之餘喜歡買買彩券試試運氣。有一天，他進了彩券行要買張彩券，要求老闆就讓機器選號吧，結果出來一組號碼：01 02 03 04 05 06。

　　小王說：「這不是開玩笑嗎？這號碼怎可能中獎？」不願要這號碼。你說小王有道理嗎？如果你是按順序，從第一頁耐心讀這本《熵的神祕國度》，你應該很快發現小王沒道理。樂透應是公正的──任何一組號碼的中獎機率應該都是一樣的，就像我們通常認為隨意丟個一元硬幣，大頭朝上或梅花朝上的機會各占一半（0.5）。我還會偷偷告訴你：「快買這支，中獎的機率雖然和其他支都一樣，可一旦中的話，大概一定獨得，不用和他人分」。

　　小王實在犯嘀咕，就不肯要這組號碼。說實在，我猜大多數人的反應會和小王一樣。為什麼？人都有個基本心理，要對觀察到的事件去分類，使它看來有意義。因此多數人會下意識的把（01 02 03 04 05 06）與（02 03 04 05 06 07）等順號的組合分成一類（A 類），而其他如（20 05 12 15 08 30）之類看來沒什麼「道理」的號碼統統分成另外一類（B 類）。那就明顯了，A 類出現的機率要遠小於 B 類，所以小王就推論（01 02 03 04 05 06）不可能中獎。邏輯錯在哪裡？就出在很多人沒去區分「巨觀狀態」與「微觀狀態」，任何一組號碼（XX XX XX XX XX XX）都是一個「微觀狀態」，但許多「微觀狀態」共屬於一類（稱為某一個「巨觀狀態 A」），另外許多「微

觀狀態」又共屬於另一「巨觀狀態 B」。A 與 B 的機率不一樣，是因為 A 裡面的「微觀狀態數目」不等於 B 裡面的「微觀狀態數目」。

費曼曾如此描述：

We measure "disorder" by the number of ways that the "inside" can be arranged, so that from the outside it looks the same.

這句話裡，我不翻譯，就請各位體會體會。disorder 可譯成「無序」或「失序」或「亂度」。重要的是，它（disorder）是對巨觀狀態的描述。就微觀狀態而言，（01 02 03 04 05 06）與（20 05 12 15 08 30）並無所謂有序或無序之差。你若用二進位法表達，以上兩組數就不會覺得有「秩序」之差了。

對了，前面那個號碼（20 05 12 15 08 30）是小王最後自選的號碼，因為那是他女兒出生的年、月、日、時、分的數字，他認為那是他的幸運號碼。一般人，總是要找出一些理由不相信機率決定彩券號碼這事；他們寧願相信冥冥之中上天會讓事物之間有相關性，因此去求明牌，或幸運號。這是與科學態度相反的。至少對熱力學這門學問，我們承認無知，而去採用統計的方法處理力學問題。這就是本書的出發點，作者極力去解釋的事。

耐心玩味，必有所得

本書作者貝南教授一生從事統計熱力學的研究，自以色列耶路撒冷大學退休以後，念念不忘如何向大眾解釋「機率與熵」這困難的問題，因而寫下《熵的神祕國度》這書。「熵」有兩個起源，歷史上是先從巨觀的不可逆現象出發。人們承認要在其他狀況不變下，

百分百的把「熱」轉換成「功」的能量形式是不可能的（反過來卻可以），因而逐步推出「熵」的概念及其量度方法。後來到了十九世紀末，才從微觀觀點去解釋「熵」的統計意義。但歷史的發展次序，並不是很好的學習次序。貝南教授走相反的次序，他先逐步建立對「秩序」的統計量度，再聯結到「用五官體驗第二定律」，最後提升到「物理定律」的哲學層次，深入簡出。本書初讀時會覺得不容易抓住作者深意，但要有耐心玩味，到「第八章」會有豁然開朗的感覺。我鼓勵讀者有耐心的慢讀，「熵」是自然科學中最值得所有人去了解的概念。

貝南教授與我同行，1980 年（33 年前）夏，有一天他突然出現在我台大的辦公室，原來因讀過彼此論文互相切磋，故於訪問菲律賓後順道來看我。沒想到事隔 33 年，今夏我突然出現在耶路撒冷（另有公事訪問以色列），告訴他這本書我們已譯好了，請他寫個中文版序。兩次相遇，真是非常低機率的事，茫茫人海，人生之機緣也就無法用機率說了。

記得，「機率」絕非「機緣」，後者與科學無關。

牟中原 2013 夏於台北

英文版序
為什麼要寫這本書

我第一次聽到「熵」這個字，就被它神祕的特質深深吸引了。第一次與熵及熱力學第二定律相遇的情景，歷歷在目；那是四十多年前的事了，猶記得那講堂、授課教授、甚至我的座位：那是第一排面對著講台的位子。

教授講解著卡諾循環、熱引擎（熱機）的效率、第二定律的各種論述，最後介紹迷人而神祕的數量熵，我真是目眩神迷。那一瞬之前，教授還在討論我們熟悉的觀念，如熱、功、能量與溫度；忽然一個以前從沒聽過、又帶著全新觀念的嶄新字眼出現了。

我耐心等著想發問，雖然不確定問題是什麼；這個稱為熵的是啥玩意兒？為什麼它會一逕兒增加？是我們可以看到、摸到或感覺到的東西嗎？教授在結束解說後，插了一句：「假如你現在不了解第二定律，不要感到挫折，很多人都和你一樣。這個階段的學習還無法讓你了解它，等明年學了統計熱力學後，就會徹底懂了。」做這樣的結論，她就不必對第二定律做更進一步的解釋。教室充滿了神祕的氣氛，我和課堂上的一些同學舌頭打結，我們強烈想了解第二定律的心思得不到滿足。

多年後，我終於了解教授為何聲言，統計力學擁有理解熵的祕笈；沒有統計力學，就沒辦法理解隱藏在熵及第二定律下的觀念。但是當時我們都懷疑教授是選了一個優雅的方法，以閃避她無法回答的尷尬問題；我們只好委曲的接受她的建議。

　　那一年我們學習了很多熵的變化的計算，從理想氣體擴散到氣體混合、熱體至冷體的熱傳導，以及很多其他的自發過程。我們磨礪自己的技巧，計算熵的變化，但沒有真正捕捉到熵的神髓；我們用專業靈活的技巧做計算，假裝熵只是另一種按規則計算出的量，但在內心深處，我們覺得熵隱藏在濃厚的神祕氣息中。

熵到底是什麼

　　這個稱為熵的東西是什麼？我們知道它的定義是「可逆傳導的熱」除以「絕對溫度」，但它不是熱也不是溫度。為什麼它一直增加？它用什麼樣的燃料推動自己往上？我們習於守恆定律，認為這類定律較合乎「自然」。物質或能量不能無中生有，熵好像違反了一般的觀點；怎麼有一種物理量，可以在沒有任何明顯的養分來源下，堅定不移的不停「製造」出來？

　　我記起在某堂物理化學課中，聽到氬氣溶於水中的熵變化很大，且是負值；[1]理由是氬氣增加水的結構，增加結構等於增加秩序。熵與失序稍有關聯，這應該解釋了熵變化的原因。在那堂課上，教授說，當一系統與另一系統串聯在一起（像溫控器那樣），則系統的熵有時可以降低，熵永遠增加的定律只在孤立系統（系統不與周圍環境互動）中為真。這個事實只加深了神祕性，我們不僅不知道提供熵永遠增加的燃料來源，也沒有任何外在的資源供給機制。此外，熵是由熱與溫度來定義的觀念，「結構」和「秩序」是怎麼切入「熵」的討論裡？

　　一年後，我們學習統計力學，同時也學到了熵與狀態數的關係，這也就是有名的波茲曼方程式，波茲曼在維也納的墓碑上就刻著它。[2]波茲曼關係式提供了用失序表達熵的銓釋，永遠增加的熵

被詮釋為「自然界由有序走向無序的道路」。但是為什麼系統要從有序走向無序？有序和無序是無形的觀念，而實驗室中，熵是由熱量與溫度定義的；系統持續增加混亂的神祕說法，沒有對熵的神祕感提供解決之道。

我教了很多年熱力學及統計力學，在那些年裡，我開始理解與第二定律相關的神秘事物，絕對無法以古典熱力學的論述（最好稱之為第二定律的非原子論述，見第一章）解謎；相反的，從分子觀點看第二定律，一點都沒有神祕可言。

我相信自己對熵的理解，以及對學生講解熵的能力的轉捩點，是在撰寫一篇論文時，那論文是有關混合作用及同化作用時熵的變化；一直到那時，我才覺得能穿越包圍熵及第二定律的迷霧。在寫那篇文章時，我豁然開朗，知道物質原子論的兩種重要特色：「無從想像的大數目」，以及「構成物質的粒子那不可分辨的特性」，在撥開徘徊於熵上方最後的雲霧時，有無與倫比的重要性。

一旦迷霧散去，每一樣東西都晶瑩剔透。不只清晰且顯而易見；熵原本相當不易了解的行為模式，簡化為淺顯易懂的常識了。

尤有甚者，我忽然領悟到，不需要懂任何統計力學就可以了解第二定律。我才剛聲明統計力學懷抱了理解第二定律的祕笈，又拋出這樣的說法，聽來很矛盾。我發現所需要的只是熵的原子論述，而其他的統計力學都不需要；這些發現迫使我有強烈的動機，為從沒聽過統計力學的人寫這本書。

寫這本書時，我三番兩次捫心自問，到底是為什麼，我決定該撰寫本書，我想應該是因為下面三點。

第一點，對於物質是由巨大數目的粒子組成的，以及這些粒子彼此之間是分辨不出來的，這兩個重要而不可或缺的事實的認知。近一世紀來，這兩個事實廣為人知，且受眾人接受，但我覺得撰寫

第二定律的作者似乎並沒有強調這點。

　　第二點，是當我閱讀格林（Brian Greene）[3]的兩本書時，格林在討論熵及第二定律時寫道[4]：

　　「日常經驗無法完全解釋的，是這個輕輕叩入近代物理學
　　中，最深邃邃未解的謎」

　　我不敢相信格林會寫出這樣的話，他曾經漂亮且淺顯的解釋了近代物理學上這麼多困難的觀念。

　　第三點與審美學的關連大於物質的關連。畢竟我教授統計熱力學及第二定律很多年，甚至還用骰子說明自然過程中發生了些什麼。但我一直覺得，骰子改變面向，以及在擴散過程中粒子衝去占有全部可得空間的相似性，在邏輯或美學上並不令人滿意。你將於第七章看到，在骰子與粒子間，以及擲骰子的結果與粒子的位置間顯示的相似之處，這種相似性是正確的。你永遠可以把右邊空間的粒子稱為 R 粒子，把左邊空間的粒子稱為 L 粒子。

　　但就在寫混合過程的熵，以及同化過程中的熵的文章時，我「發現」一個不同的過程，可以讓這種相似更「自然」，更讓人滿意。這個過程稱為異化過程，是自然的過程，其中熵的變化只是由於粒子有了新身分；現在的的相似性是在骰子與粒子間，以及擲骰子結果的本尊及粒子的本尊之間。我發現這種相似性在美學上更賞心悅目，因此使得骰子遊戲和真實異化過程間的相似性，可以成就一篇完美且值得發表的論述。

　　在這本書裡，我刻意避免用專業口吻撰寫，不教你熵是什麼、它怎麼變化，以及更重要的，它為什麼朝一個方向變化；我只引導你自己「發現」第二定律，並讓你因能自行揭去熵的奧祕，而心滿

意足。

大部分時間，我們專注於玩或想像玩簡單的骰子遊戲。從一個骰子開始，然後兩個、十個、一百個或一千個骰子，你在分析發生了什麼狀況時，建立自己的知識。你會發現隨時間（或在遊戲中隨著步驟）變化的東西是什麼，以及它如何、還有為什麼變化；等玩到數目眾多的骰子時，你就能輕而易舉的把從少少幾個骰子上學到的東西，擴充應用到龐大數目的骰子系統。

經歷了在骰子世界玩第二定律，並充分了解這是怎麼回事後，最後一步在第七章裡，我幫你把骰子世界學到的一切，轉譯為真正的實驗世界；一旦你領悟了骰子遊戲的演進過程，就能了解熱力學第二定律了。

誰該閱讀這本書

寫這本書時我設定的讀者，是對科學與數學一無所知的。只要有單純的常識，以及運用它的強烈慾望，就能閱讀此書。

在開始讀這本書之前，我要給讀者一個善意的提示，「常識」不意味著輕鬆或不花力氣的閱讀！

你得開發兩種「技巧」；第一是訓練自己用大數字思考，驚人的大數字，難以想像的大數字，甚至更大的數字，我在第二章會幫你學習這部分。第二件事有些兒微妙，必須學習分辨特定事件（或狀態或配置）和表象事件（或狀態或配置），不要讓這些專有名詞嚇到，[5] 你會有很多的例子來熟悉這些名詞，這是了解第二定律不可或缺的。假如懷疑自己有讀懂這本書的能力，建議你做個簡單的測驗。

直接翻到第二章最後的 2.7 節及 2.8 節，那兒有兩個小測驗，特別設計來測試你對「特定」及「表象」觀念是否了解。

　　假如你正確回答了所有的問題，我保證你能輕易了解本書。假如無法回答這些問題，或試了卻沒答對，不要氣餒。看看我的答案，假如能輕鬆看完答案，即使不能自己回答，我相信你依然可以閱讀並了解本書，只是需要多花些功夫。

　　假如不知道這些問題的答案，甚至看了答案後依舊不知所以然，我也仍不以為這本書超越了你的能力，建議你仔細閱讀第二章，訓練自己進行機率性的思考。假如需要更多的協助，請寫信給我，我一定竭盡所能協助你。

　　再一次，不要讓「機率性的」這個詞嚇到；你有買樂透的習慣，但對於沒有贏得百萬彩金，並不覺得意外，你就是在做「機率性的」思考。我說個故事讓你對這個聽來駭人的詞彙覺得舒服些。

　　我父親六十年來每個週末都會買一張樂透獎券，他相信「在上面」的神會恩賜他得大獎。我三番兩次試著告訴他，得大獎的機率很小，事實上小於萬分之一，但是他對我喋喋不休的勸說充耳不聞。有時他中了七或八個數字（中了十個數字就贏了），他便責罵我沒能看到他從上帝那兒得到的，清楚明確的「訊號」，他正在贏的路上呢。一個星期又一個星期，他自以為從上帝那兒得到的數字，讓他中獎的希望起了又落。直到他快過世時，在九十六歲高齡之際，他告訴我，他非常失望及痛苦，因為覺得被一生所信仰的神明背叛及厭棄；我很難過他不肯或不能進行機率性的思考！

該怎麼閱讀

　　假如你從未聽過第二定律或熵，你可以閱讀第一章中對於第二定律的各種簡單、非數學的論述。第二章中，我介紹了機率及資訊理論的一些基本元素，你可能需要用機率的術語來表達你發現的結

果。你要了解，機率及資訊理論的基本觀念，都只是建立在純粹的常識上，不需要有任何數學、物理或化學的背景；需要知道的只有：該怎麼數（這是數學！）、物質是由原子及分子組成的（這是物理和化學！）以及原子間是不可分辨的（這是高等物理！）。所有這些，在第二章中都用非數學的名詞來解釋。

從第三章到第五章，我們要用不同數目的骰子玩遊戲；觀察發生了些什麼，然後做出結論。我們將有很多場合用五官去「感受」第二定律，用生活細節中各式各樣的表現方式，來印證真實物理世界中的第二定律。

第六章中我們會對發現的事物做總結，我們將用容易轉譯成真實實驗的語言來表現及說明。第七章描述兩個熵增加的簡單實驗，所做的只是在骰子數及盒中的粒子數間，以及擲骰子的不同結果與粒子的不同狀態間，顯示出它們的相似處。一旦了解這些類似處，你就能輕鬆運用從骰子遊戲學到的東西，來了解真實世界中的第二定律。

待讀完第七章，你會知道熵是什麼，它如何及為什麼有如此明顯善變的行為表現；你將看到它的行為模式毫無奧祕可言，只是遵循常識的規則。

了解了第七章中討論的兩個特定過程，你將對第二定律的運作方式了然於胸。當然除了那兩個特定過程外，有更多的過程由第二定律「驅動」，要表達第二定律如何在這些過程中運作，並不永遠是簡單直接的事，為此你得懂一些數學。但我們相信，有更多非常複雜的過程由第二定律支配，而尚未有數學上的證明。用系統的分子分析生物過程是太過複雜了；雖然我知道很多作者把各式各樣的生命現象與第二定律連起來，但我認為在這個階段，這個方式仍極端不成熟。我完全同意摩洛維茲（H. J. Morowitz）[6]寫的「把熱力學

用到生物方面，長久以來都讓人困惑」。

　　在最後一章，我加了一些個人的想法與思考，這不是普世接受的觀點，很歡迎你的批評指教，我也留了電子郵箱可供聯絡。

　　撰寫本書的整體目標，是幫助你回答與熱力學相關的兩個問題：一是，熵是什麼？第二個是，為什麼它只朝一個方向改變？後者明顯違反其他物理定律的時間對稱性。

　　相形之下，第二個問題更重要，它是第二定律奧祕的核心。我希望能說服你：

1. 第二定律基本上是機率定律。
2. 機率定律基本上是常識定律。
3. 從上面第 1、2 點得到的結論，第二定律基本上是常識定律，就只是這樣。

　　當然啦，我承認第 1 點及第 2 點已由很多作者說了無數次，第 1 點在波茲曼的第二定律論述中隱約提及，第 2 點由機率理論的創始者之一拉普拉斯（Pierre-Simon Laplace, 1749-1827）提出。確實，我不能聲稱是第一位做此陳述的人，或許我可以聲明「基本」關係是傳遞的關係，即從敘述 1 及敘述 2 得到的敘述 3 是原創的。

　　第一個問題是關於熵的意義，科學家思考這個問題有一百年了。熵被詮釋為量度失序度、混合度、混亂、混沌、不確定性、無知、欠缺的資訊等等；就我所知，辯論還在持續，即使在最近的著作中，許多舉足輕重的科學家仍表達了南轅北轍的相反觀點。第八章中我將詳細說明對這個問題的觀點，這兒先做些簡單的說明。熵在形式上及觀念上，都與特定資訊的量度相同，這與大家都接受的觀點相差很遠。大家難以接受熵與特定資訊的量相同，是因為熵是

物理上可測定的一種量，它的單位是能量除以溫度，因而是客觀的量；但是資訊被視為含糊而沒有單位的量，它表現出一些人的特質，如知識、無知或不確定性，因此是高度主觀的量。[7]

雖然客觀與主觀是明顯的矛盾無解，我仍認為熵是資訊。兩者或主觀或客觀，是超越哲學或形上學的問題；我的觀點是兩者都是客觀的量，但是假如你以為其中之一是主觀的，你就得承認另一項必然也是主觀的。

為了簡化表達，得有些犧牲；我們把波茲曼常數設定為 1，這也會為統計力學帶來一些其他的方便。為了這本書的目的，波茲曼常數設為 1 會自動使熵變成沒有單位的量，而且與資訊度量一致；這就一勞永逸的「驅除」了熵的神祕魔咒！

我斗膽為本書的讀者做了下述的承諾：

1. 假如你曾學過熵也受它的奧祕困惑，我答應為你解除神祕感。
2. 假如你從未聽過熵也不覺其神祕，我答應你今後不會有更多的神祕感。
3. 假如你介於上述兩者之間，聽過但從未學過熵，假如你聽過人們談論環繞熵周圍深沉的神祕感，我承諾你讀完本書後，應該會感到困惑！但不是因熵或第二定律而困惑，是困惑於為什麼有人大肆宣揚熵的「奧祕」！
4. 最後，假如你仔細而認真的閱讀了這本書，做了全書的作業，你會因為發現並了解多年來未能理解的東西而喜悅，你也應該因為了解「近代物理學中，最深邃未解的謎」[8]，而深感心滿意足。

誌謝

　　我為志願閱讀本書部分篇章或全部手稿，以及給予批評指教的人，致上最誠懇的謝意。

　　第一要謝謝朋友及同事，Azriel Levy 及 Andres Santos，仔細閱讀並檢查全部手稿；他們為我剔除了我沒有或沒能看到的錯誤，讓我不至於因未發現的錯誤而受窘。也謝謝 Shalom Baer、Jacob Bekenstein、Art Henn、Jeffrey Gordon、Ken Harris、Marco Pretti、Samuel Sattath 及 Nico van der Vegt，他們讀了部分手稿，提供了寶貴的意見。最後，給我一生的伴侶 Ruby 最深沉的感謝，她耐心的與我潦草的手稿奮鬥，一再校訂，沒有她殷勤體恤的協助，本書不可能出版。這本書花了很長的時間醞釀規畫，著手動筆於西班牙布爾格斯，完成於美國加州拉賀亞。

貝南於以色列耶路撒冷的希伯來大學物理化學系

電子信箱：arieh@fh.huji.ac.il 及 ariehbennaim@yahoo.com

PS. 你可能奇怪每一章章末小圖的意思，請聽我道來，自從擔起為你解釋第二定律的工作後，我決定刺探你的進展；以這些圖監測你對第二定律的理解程度，歡迎你比較自己的程度和我的評估。若有任何意見，請讓我知道，我會盡己所能協助。

中文版序
用常識理解熵

　　我很高興為《熵的神祕國度》中文版寫篇簡短的序。想說的話多已經在本書的英文版序言中敘述了，這兒我僅再補充幾點。

　　這本書是為沒啥數學或物理背景的業餘人士寫的。當然啦，為了證明書中的一些論點，還是得有些數學方面的知識。歡迎有興趣的讀者去看我其他的著作。

　　我要再簡單重複英文版的前言，我向讀者做了下述的承諾：

1. 假如你曾學過熵也受它的奧祕困惑，我答應為你解除神祕感。
2. 假如你從未聽過熵也不覺其神祕，我答應你今後不會有更多的神祕感。
3. 假如你仔細認真讀了這本書，也從頭到尾都做了習題，你會為了發現和理解多年以來一直沒有被人搞懂的這些東西而充滿了喜悅，更因為了解「近代物理學上最深邃未解的謎」而無限滿足。

　　最後，假如有任何問題或指教，歡迎寫信至我的電子郵箱ariehbook@gmail.com，我一定竭盡所能的答覆。

貝南

書中一些遊戲的電腦模擬程式
見網站：ariehbennaim.com

程式 1：兩種結果的骰子

這個程式是第四章模擬遊戲的簡易版；你先選擇骰子的數目及所玩遊戲的步數，程式從「全 0」的組態開始，每一步程式或隨意或依序挑選一個骰子，翻動骰子得到「0」或「1」，機率都是 1/2，程式記錄所有骰子點數的點數和，將點數和對步驟的函數作圖。

建議從較少的骰子開始：4 個、8 個、10 個、20 個直到 100 個、200 個，假如有高速電腦，可以玩到 1000 個骰子和 2000 步，這要花些時間，但很值得；隨機選擇骰子和依順序選擇骰子，兩個方法都試一下。當骰子數增加時，看看曲線變化的情形，檢視曲線的平滑度和達到平衡線所需的步數，以及點數和回到 0 的次數。盡情享受，祝你幸運。

程式 2：正常的骰子

和程式 1 相同但用有 1、2、3、4、5、6 等結果的正常骰子，假如你喜歡玩傳統骰子，就玩玩這個程式吧，這個遊戲沒有添加什麼新玩意兒。

程式 3：撲克牌

和程式 1 相同，但用紙牌玩（或你喜歡有 13 種結果的骰子：1、2……13），假如你比較喜歡紙牌，就玩一下這個程式。同樣的，從這個遊戲也不會得到什麼新玩意，盡情玩吧。

程式 4：模擬理想氣體的擴散

基本上和第一個程式相同，只是不再是骰子。你從 N 個點開始，每個點代表一個粒子，不再是 {0 , 1} 兩種結果，而是 {L , R}，L、R 分別代表左右兩空間；第七章中描述了兩個相當的過程。在這個程式中，先隨機挑選一個粒子和一個空間，然後分別把粒子放入挑選的空間裡；程式把左邊空間的粒子數，從初始狀態到平衡狀態作圖。基本上這是理想氣體擴散的模擬。

程式 5：理想氣體混合的模擬

基本上和程式 4 相同，但有兩組粒子。藍點從左邊空間擴散到全部的空間，紅點從右邊空間擴散到全部的空間，通常稱為「氣體混合」，其實就是兩種不同氣體的擴散。同樣的，這個程式與程式 4 的氣體擴散相比，並沒有再添加些什麼新點子。

程式 6：尋找藏起來的銅板

這是學習「欠缺的資訊」的重要遊戲，你在第二章中會看到「聰明」和「愚蠢」策略的不同。你先選擇盒子的數目 N，接著程式

隨機選 1 到 N 中的一個數字 K，然後把銅板藏在盒子 K 中；你按「顯示銅板」的鈕，就會知道銅板藏在哪個盒子裡，但還是自己先玩玩看吧！

按下「開始」，詢問銅板在那兒；你可以選單一的盒子如 {1, 7, 20……}，或某個範圍的盒子如 {1–30, 30–70}，程式回答「是」或「否」，繼續問是非題，直到找到銅板，檢查問題的總數如何隨你提問的「策略」而變化（詳情參閱第二章）。

程式 7：常態分布的產生

可以在這個程式產出第三章、第七章討論的常態分布；你隨機丟擲 n 個骰子，程式會計算骰子結果的點數和，並記錄每一點數和出現的次數，然後把頻率對點數和作圖。從 2 個、4 個骰子開始，觀查當骰子數增加到 16 個、32 個時，頻率對點數和的函數有什麼樣的變化。很多很多骰子的狀況可參見第三章的圖 3.7、圖 3.8。

第 $\boxed{1}$ 章

揭開熱力學第二定律的
神祕面紗

在這章中，我會介紹歷史上熱力學第二定律的一些重要里程碑，我也會把第二定律的幾個公式，用敘述性的方式呈現，但這麼做得犧牲點兒精準性。這兒的重點不是教你第二定律，而是給一個概括的敘述，告訴你哪些現象讓十九世紀的科學家開始表述第二定律。

熱力學第二定律有許多不同形式的表述，我們把它們依據觀念上的不同分為兩種：非原子的與原子的。

1.1 非原子論的第二定律 [1]

傳統上，我們認定第二定律的誕生是由卡諾（Sadi Carnot, 1976-1832）開始的。雖然卡諾自己並沒有推導出第二定律，[2] 但他的工作

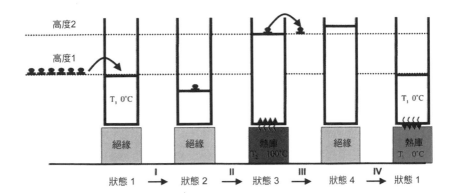

圖 1.1 熱機

成果使幾年後克勞修斯（Rudolf Clausius, 1822-1888）與凱文公爵（見
第 28 頁）得以寫出第二定律。

　　卡諾對熱機有興趣，說得更精確一點，是對熱機的效率有興
趣。我描述一下最簡單的熱機（圖 1.1）：假設有一個體積為 V 的
汽缸，裡頭含有任何一種流體，比如說氣體或液體，汽缸的上面以
一個活動的活塞封住，這樣的系統稱為熱機。

　　一開始汽缸處於狀態 1，這是熱絕緣狀態，溫度 $T_1=0℃$。操作
熱機的第一步（步驟 I）是在活塞上方加一個重物，汽缸內的氣體會
稍被壓縮，這就來到了狀態 2。再來，把汽缸接到一個熱庫（步驟
II），熱庫只是一個很簡單的巨大物體，有固定的溫度 $T_2=100℃$。當
汽缸接到熱庫時，熱能從熱庫流向熱機，為了簡化，假設熱庫的大
小跟熱機比起來，是無限大；在圖 1.1 中，熱庫只出現在熱機的底
部，事實上它應該包圍整個熱機，以保證平衡達成時，系統的溫度
跟熱庫一樣變為 T_2；雖然熱庫「損失」了一些能量，但它的溫度幾
乎維持不變。

　　當引擎內的氣體（或液體）升溫膨脹後，把活塞往上推，引擎

在這個步驟做了些有效的功：把活塞上方的重物從高度 1 推往高度 2。這個新狀態是狀態 III，到了這一步，引擎已經從熱庫吸收了一些熱能，然後做了些功把重物抬起（或者可以轉動火車的車輪，產生電力等等）。步驟 III 移除重物，使氣體更進一步膨脹，來到了最後的狀態 4。

如果想要使這個熱機重複不斷的做功，像是舉起重物（從高度 1 到高度 2），則需要完整的循環操作；因此得使系統回到初始狀態，也就是把引擎跟另一個溫度為 T_1 的熱庫連在一起，冷卻引擎溫度到 T_1，此為步驟 4（再一次，我們假設熱庫比我們的引擎大得多，當它接觸引擎時，其溫度不受影響）。引擎的溫度回到剛開始的 T_1，把重物拿開，這樣就回到初始狀態，再開始下一個循環。

這不是標準的卡諾循環，儘管如此，熱機該有的元素都有了，也靠 T_1 和 T_2 的溫度差來做功。

這個循環的淨效果是把熱能從高溫（$T_2=100℃$）的物體送進熱機，做功抬起重物，另一份熱能送到低溫的物體（$T_1=0℃$）。卡諾循環在一些細節上有所不同，最重要的不同是，所有的步驟都是漸進而緩慢的進行，[3] 但現在還不需要關心這些細節。

卡諾關心在理想狀態下（例如無質量的活塞、沒有摩擦力、沒有熱流失等等），在兩個溫度之間運作的引擎效率。

卡諾在 1824 年發表他的成果時，[4] 人們相信熱是某種流質，稱作卡路里；卡諾主要感興趣的是熱機效率的極限，他發現熱機效率的極限，只取決於兩個工作溫度的比值，而跟使用的物質（何種氣體或液體）無關。稍後，人們證明了卡諾的理想引擎，效率是任何其他引擎無法超越的。這奠定了第二定律的基石，並且為「熵」這個新字眼的出現預做鋪陳。

湯馬斯（William Thomson, 1824-1907），也就是後來的凱文公

爵，是第一個闡述熱力學第二定律的人。基本上，凱文的闡述是：世上不存在一種熱機在循環操作時，能將從熱庫吸收的能量完全轉化成功。

雖然這樣的引擎並不違背熱力學第一定律（能量守恆律），它的確對在兩不同溫度熱庫間操作的引擎，所能做的功量，畫上了上限。

簡單來說，熱是一種能量形式，熱力學第二定律說明，把熱能完全轉化為功是不可能的（雖然反其道是可能的，也就是把功完全轉化成熱；比如說用磁石攪拌溶液，或用機械轉動輪子攪拌液體）。這樣的不可能性有時候敘述為「第二類永動機是不存在的」。如果這樣的「永動機」存在的話，我們就可以用海洋這麼大的熱庫，來驅動一艘船前進，而僅使海水溫度降低一點點。不幸的是，這是不可能的。

另一種熱力學第二定律的陳述，是稍晚由克勞修斯提出的。基本上，克勞修斯的陳述是每個人都已經看到的：熱永遠都由高溫的物體（因此它會降溫）往低溫的物體（因此它會升溫）流動；我們從來不曾觀察到相反的過程自然發生。所以克勞修斯指出，沒有任何一種程序，可單純把熱從冷的物體傳給熱的物體，當然我們可以藉由對流體做功來達到這樣的熱流動（此為冰箱的原埋）。克勞修斯宣稱我們觀察到的「熱從熱體傳到冷體」的自發過程，無法以相反的方向進行。圖 1.2 說明了這件事，兩個原本隔離的物體接觸後達到熱平衡。

雖然凱文跟克勞修斯的敘述不同，但事實上是共通的；雖然這共通性並非顯而易見，但是只要用一個簡單的論述就可以證明，這在任何一本基礎熱力學教科書都可以看到。

熱力學第二定律還有許多不同的表述形式，比如說，局限在體

積 V 裡的氣體,如果移除分隔使它擴散,永遠只會往一個方向前進(圖 1.3),[5] 氣體將膨脹、占滿整個新體積 2V。我們絕對不會看到下述相反的情形自動發生:占滿 2V 的氣體自己收縮到一個比較小的體積 V 裡頭。

還有更多熟悉的過程都只朝單一方向發展,絕對不會逆向進行,如圖 1.2、圖 1.3、圖 1.4、圖 1.5 所示。熱從高溫往低溫傳導、物質從高濃度往低濃度流動、兩種氣體自動混合、一小滴的彩色墨水滴入一杯水、顏色將會均勻擴散到整杯水(圖 1.5);我們從來沒看過這些過程逆向發生。

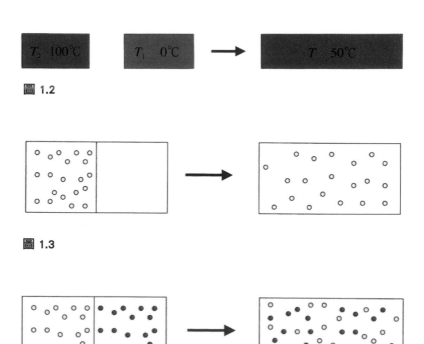

圖 1.2

圖 1.3

圖 1.4

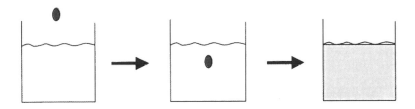

圖 1.5

　　這些過程有一項共通點：它們只往一個方向進行，絕不自發性往反方向進行，但是還不能明顯看出這些過程都由同一個自然律來支配，只有克勞修斯看出這些過程背後的共通原理。回想一下，克勞修斯的第二定律敘述，其實是大家再熟悉不過的事，克勞修斯的偉大成就在於他的先知卓見：這些自發過程都是由同一個定律所掌控，而且有一個量決定了事件前進的方向，這個量永遠只會自動往一個方向改變。這可以比做一個單向箭頭，或是一個沿時間軸前進的向量。克勞修斯引進了一個新辭彙：熵，關於他為什麼選「熵」這個字，克勞修斯寫道：[6]

> 「我喜歡從古語裡面去為重要的科學量找名字，這樣它們對所有人來說的意思就都一樣。因此，仿照希臘字「轉換」，我提議用 S 來代表熵。我特意設計創造 entropy（熵）這個字，它跟 energy（能量）很類似，因為這兩個量在物理上的重要性是如此的相對應，這樣的類比式名稱在我看來，似乎很有幫助。」

　　在《韋氏大字典》（2003 年版）裡，entropy（熵）是這樣定義的：「改變，文言之轉化，密閉的熱力學系統中，對不能利用之能量

的量測……系統有序度的量測……」

第八章會討論到，克勞修斯所指的熵其實是不適當的詞。不過在他鑄造 entropy（熵）這個字的時候，人們還不了解熵在分子層次的意義。之後我們會討論到，事實上，「熵」不是「轉換」（也不是「改變」、也不是「轉化」），它是另一種會隨時間轉換、改變或演進的量。

用這個熵的新觀念，我們可以宣告一個廣義且普及的第二定律表述：在一個孤立系統中，任何一個自發過程的發生，絕對不會使熵減少。這個非常籠統的敘述包括了許多現象，為熵的概念撒下了神祕的種子，這個神祕概念包含了一個與能量守恆律無關的量。

我們很習慣於物理的守恆律，它很有道理：[7] 物質不能無中生有，能量也不能白白得到。我們認為守恆律是易於「了解」的，因為它很有「道理」。但是為什麼有一種量可以無限制增加？是什麼東西驅使它永遠爬升？這也難怪第二定律與熵受迷霧包圍。確實，用物質的巨觀理論來看，熱力學第二定律是無法解釋的；如果科學界沒有發現物質的原子學說，謎團可能永遠無法解開。所以，在這個巨觀的陳述下，我們對於熱力學第二定律的了解，進到了一個死胡同。

1.2 原子論之下的第二定律

在熱動力學（要認識這個理論，需要了解物質的原子理論）發展以前，熱力學的應用與物質的組成元素不相關，是把物質當成是連續的物體。在這樣的框架下，無法對熵有更多的詮釋；這情況並非不常見，當我們必須就這樣接受一項物理定律，且無法更深入理解時，這項定律就走到了死胡同。況且，第二定律是絕對的定律：

熵在孤立系統中，永遠會自發性增加；這跟任何其他的定律沒什麼不同。例如，永遠都必須遵守牛頓定律，沒有例外。[8]

藉由波茲曼對熵的統計詮釋，我們對熵和熱力學第二定律的了解跨進了一大步——波茲曼關係式描述熵跟微觀狀態總數的關係，而微觀狀態總數由巨觀系統的能量、體積、粒子數來描述。

波茲曼（Ludwig Boltzmann, 1844-1906）[9]，還有馬克士威等許多其他人，一同發展了氣體動力學（熱動力學），這不止讓我們認同，可以經由觸碰感受到的溫度，是由粒子運動造成的，而且藉由一個系統擁有的狀態數，詮釋了熵。

波茲曼在兩個層面引進了熵的原子理論。第一，波茲曼定義了一個量 H，並顯示由於分子的碰撞及一些其他的假設，這個量會減少，直至一個最小值的平衡態，波茲曼稱這個理論叫「最小值理論」，之後成為波茲曼著名的 H 定理（發表於 1872 年）。波茲曼更進一步證明，系統中的粒子，無論從任何的分子速率分布開始，都會達成熱平衡。當 H 達到最小值時，此時的速率分布必定會遵守所謂的馬克士威分布（也見於第七章）。

彼時尚未建立物質的原子學說，更遑論普遍接受，雖然「原子」的概念已經在科學家的心中存在兩千年了，但還是沒有令人信服的證據證明它存在。儘管如此，熱動力學確實解釋了空氣的壓力跟溫度。但是熵呢？這個由克勞修斯引進，與物質的組成毫無關係的數值呢？

波茲曼注意到他的 H 跟熵的表現很類似；只需簡單的把熵重新定義為負 H，它就會永遠隨時間增加了，並且當系統達成平衡時會成為定值。

波茲曼的 H 定理不但遭馬赫（Ernst Mach, 1838-1916）和奧斯華德（Wilhelm Ostwald, 1853-1932）這些不相信原子存在的人攻擊，而

且也飽受同事跟親近朋友的批評。[10]

這些批評的中心思想（稱作可逆性異議或可逆性悖論）認為，事件隨時間逆轉[11]，或牛頓運動公式的時間對稱性，與波茲曼 H 值的時間非對稱性相牴觸。分子運動的可逆性與 H 值的不可逆性之間的衝突是非常嚴重而無法化解的，怎麼可能由不相干又對過去與未來不在乎的運動公式，推導出能夠區分過去與未來的數值（永遠隨時間增加）？牛頓的運動公式可以用來預測粒子過去或未來的運動，H 定理的論點來自力學與機率；一個是決定性且與時間對稱的，另一個是隨機且與時間不對稱的；這樣的衝突似乎指出波茲曼的 H 定理中有致命的缺陷。大家懷疑，要不是 H 定理有錯，就是物質的原子假設有根本性的問題。顯然這是波茲曼 H 定理的挫敗，也或許是反原子論者（暫時）的勝利。

波茲曼對可逆性異議的說法是：H 定理在絕大部分的時候是對的，但在非常罕見的情形下，H 值可能增加，或熵可能隨時間而減少。

這是站不住腳的。（非原子的）熱力學第二定律，就像任何其他的物理定律，被認為是絕對的——沒有例外的空間，即便是很罕見的例外；從來都沒有人觀察到違背第二定律的事件。就像牛頓運動定律沒有例外一樣，[12] 第二定律也不應該有例外。

第二定律一定是絕對且不可違背的。在這個階段，似乎存在對第二定律的兩個不同看法。一邊是傳統的、非原子的、絕對的定律，由克勞修斯與凱文宣稱的：在一個孤立系統中，熵永遠不會減少。

另一邊，波茲曼的原子敘述則宣稱，熵在「絕大部分的情形」下增加，但有例外，儘管是非常非常罕見的例外。波茲曼說熵可能減少——減少不是不可能，只是不大可能。[13] 但是，因為所有觀察到的現象都支持第二定律的絕對性，所以波茲曼和物質的原子觀點看來是戰敗了。

　　儘管受到這樣的批評，波茲曼沒有退縮，他重新敘述了熵的觀點。H 定理的一隻腳踩在力學上，另一隻腳踩在機率上；這次波茲曼把兩隻腳都牢牢踩在機率上。這在物理學中是激進且陌生的新方法，機率在那時並不是物理的一部分（甚至不是數學的一部分）。波茲曼宣稱，熵或原子論的熵，等於系統總組合排列數的對數；在這個大膽的新公式中，沒有任何粒子運動公式的痕跡。看起來這是對熵特別的全新定義，避免用到任何物理，僅單純計算機率的數目、狀態的數目，或是組態的數目。這種原子論的熵有對例外的內建防備，它允許熵減少，儘管機率非常小。彼時，跟非原子論中絕對且不可違背的第二定律比起來，波茲曼公式中允許的例外似乎**弱**化了理論的正確性。在第八章中，我們會回到這個論點，事實上，這個對例外的內建防備，是強化而不是減弱了原子論的敘述。

　　第二定律兩種看法之間的不相容，似乎造成了一個停滯不前的狀態。一直到科學界完全接受物質的原子論，波茲曼的理論才占了上風；不幸這一切在 1906 年波茲曼死後才發生。

　　在前一年，一篇由愛因斯坦（1879-1955）發表有關布朗運動的論文，導致了物質的原子**觀點**的勝利；從第一眼看來，這個理論似乎與第二定律無關。布朗運動是由英國的植物學家布朗（Robert Brown, 1773-1858）發現的，這個現象很簡單：花粉之類的小粒子懸浮在水中時，看來像是隨意運動。一開始人們相信這樣不停的運動是受水中一些極小的生物驅動，但布朗和其他人稍後顯示，同樣的現象也發生在非生物的無機顆粒上。

　　愛因斯坦是第一個對布朗運動提出理論論述的人；[14] 愛因斯坦相信物質是由原子構成的，他也是波茲曼忠實的支持者。[15] 他主張，如果有非常大量的原子或分子在溶液中運動，就一定會產生擾動；當微小粒子浸入水中時（微小是跟巨觀的尺寸比，但跟水中的分子

比起來還是非常巨大），它們會受水中的分子隨意「炮轟」，偶爾這些對粒子的炮轟會產生非對稱性，結果這些微小粒子就會曲曲折折的往一邊或另一邊移動。

愛因斯坦於 1905 年發表了這個隨機運動的理論，做為博士論文的一部分；[16] 當理論由實驗學家證實後〔特別是由皮蘭（Jean Perrin, 1870-1942）證實〕，大家只得相信原子學說了。傳統的熱力學基於物質的連續性，不容許擾動存在的空間。確實，巨觀系統下的擾動極為渺小，這就是為什麼無法在巨觀的物體上觀察到擾動；但對於微小的布朗粒子，擾動就放大到看得到。隨著大家逐漸接受物質由原子構成的說法，波茲曼對熵的論述也開始被接受了。特別值得一提的是，由於熵理論出現得非常早，所以沒有受二十世紀初的兩大物理革命——量子力學與相對論影響。[17] 人們理解熵的大門於是大大敞開了。

從粒子動力學的角度來看，熵與組態數及機率的關係變得牢不可破了。但是，當時這還是不容易了解與接受的觀念，尤其那時候，機率還不是物理的一部分。

幾乎在波茲曼發表第二定律觀點的同時，吉布斯（Willard Gibbs, 1839-1903）依據純統計與機率的方式，發展了物質的統計力學理論。吉布斯壓倒性成功的處理方式，奠定在機率的觀點上，[18] 確切告訴我們，由許多粒子組成的系統，雖然每個粒子都受運動定律支配，但仍會表現出隨機而混亂的行為，所以機率定律將占上風。

只靠熵與系統的狀態數的關係，並不足以解釋熵的行為。我們必須把這個關係與三個非常重要的事實與假設一起考慮；第一，有非常多的粒子存在，而甚至有「比非常多還多的」微觀態存在；第二，這些微觀態都是等價的，意思是它們發生的機率一樣，所以系統以一樣的機率去光顧這些微觀態；第三，也是最重要的，平衡

狀態下，我們實際觀測到的巨觀狀態下的微觀狀態數目，非常非常大，以致於幾乎等於所有可能的微觀狀態數目。我們會在第六章和第七章更深入討論這個觀點。

加上這些可以融入堅固的統計熱力學的假設，原子角度的熵理論得到了決定性勝利；人們仍順利教授並運用非原子的第二定律，它沒有什麼錯，只是無法在原理上揭示熵所隱含的奧祕。

波茲曼開創啟發性思維，找出熵與總狀態數[19]的對數關連，確實打開了人們對熵了解的一扇大門。然而，我們必須更進一步才能穿越迷霧，驅散圍繞在熵周圍的謎團。

有許多條路可以達到這個終點，我這兒將討論兩條主要的道路。第一條是藉由系統的無序擴張程度來解釋熵，[20]第二條是靠系統所欠缺的資訊來解釋熵。[21]

第一條是比較老也較受歡迎的路，是波茲曼原本對熵的詮釋：一大堆的狀態可視為具有高度的無序，這可推衍到到熱力學第二定律的常見敘述：「大自然前進的方向是從有序到無序」。

以我的觀點看來，這種對熵有序－無序的詮釋，在很多例子中都很清楚可以直觀而得，但它並不永遠有效。以定性來說，它可以回答某些（但非所有）自發性過程中，是什麼東西改變了；並且無法回答為什麼熵永遠增加。

第二條雖然在科學圈中比較不流行，但在我看來是較好的一條路。第一，因為資訊是較好的、可定量的、客觀定義的量，而有序－無序是較沒有明確定義的量。第二，資訊（或說欠缺的資訊），可以為任何自發過程中「什麼東西改變了」的問題提供答案。資訊是熟悉的字眼，就像能量、力或功，不帶神祕色彩；對資訊的測量可以用資訊理論精確定義。

我們原本就知曉且熟悉資訊量的意義，這就與用「無序」的觀

念來描述系統中「是什麼東西改變了」，大不相同了；我們會在第七章和第八章做更深入的討論。資訊本身並沒有回答為什麼熵會這樣變化，但是不像無序，資訊是由機率定義的，而機率擁有「為什麼」這個問題的答案。

因為這些原因，下一章我們將花些工夫來熟悉機率跟資訊的一些基本觀念。我們會用相當定性的方式來介紹，沒有科學背景的人也都可以了解，需要的只是常識罷了。一旦熟悉了這些觀念，圍繞熵及第二定律的謎團便將消失無蹤，你就可以回答下面這兩個問題：「是什麼東西改變了？」，還有「為什麼它是這樣改變的？」。

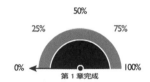

第 2 章

學一點簡單的
機率理論及資訊理論

　　機率是數學的一個分支,廣泛應用在科學的各個領域,包括物理、化學、生物學、社會學、經濟學、心理學等等;簡單來說,它在生活中時時刻刻無所不在。

　　不管過馬路、叫計程車、點菜前試吃、當兵、協商和平協定等等,無論是有意識的或無意識的,我們在做決定時,都需要做一些機率「計算」或「評估」。在許多狀況中,我們都試著去評估勝利或失敗的機率。

　　如果不做這些機率的考量,醫生無法從症狀診斷疾病,也無法給出最佳的醫藥處方;同樣的,保險公司也無法適當以各個不同的檔案,評估不同的人該支付的汽車保險費用。

　　機率理論始於賭徒對數學家提出的問題:他們認為數學家擁有較多的知識,懂得估算贏錢的機率。有人甚或相信某些人擁有「神性」,能預測賭局的結果。[1]

　　基本上，機率是主觀的量，用來估計一個人有多相信一件事是否會發生。[2] 比如說，我估計這個嫌犯只有百分之十的機率有罪，因此很可能他會無罪釋放；然而，法官可能有完全不同的結論：嫌犯有極高的機率有罪。這種巨大歧異存在的原因，是因為每個人擁有不同的資訊，而且對資訊有不同的評估。就算兩個人擁有完全一樣的資訊，可能由於處理資訊方式的不同，而造成對事件發生機率（或對某個命題的可信性）有不同的判斷。

　　但在這個定性及主觀的模糊概念之外，數學仍然發展出一個精緻的機率理論，而且是定量且客觀的[3]。雖然無法適用於所有事件，但仍然可以應用於絕大部分的狀況，例如遊戲輸贏的機率及物理中許多實驗的結果。

　　因此，如果你宣稱救世主有 90% 的機會在下星期一出現，而我說只有 1%，沒有任何辦法能決定誰對誰錯。事實上，就算等到下星期一，發現沒有任何事發生，我們仍然無法分辨誰的預測是正確的。[4] 然而，對某些種類中，定義清晰的實驗，機率「屬於」事件本身，且為大家接受。

　　比如說，擲一個銅板，一個完全「公正」的銅板，正面、反面出現的機率應該各占 50%；基本上，我們無法證明這是「正確」的機率。我們只能做一個實驗，藉由不斷擲銅板，然後累計正面、反面出現的次數；如果擲了一千次，那麼很可能得到 500 次正面、500 次反面，然而也有可能得到 590 次正面、410 次反面。事實上，我們可以得到任何正面與反面的結果，無法由這樣的實驗推導出機率。無論是擲銅板還是擲骰子，都得接受機率的存在；我們得接受這種 50：50 的機率，它是事件本身的特質，就像物質擁有質量一樣。目前來說，機率被認定是原始的概念，不能以更原始的概念來定義。

　　讓我們回到前機率時代，大概是十六、十七世紀，當時機率

的概念正要萌芽。傳聞中，伽利略（1564-1642）曾被問到一個問題，內容是這樣的：假設同時擲三個骰子，然後來賭三個骰子的**點數和**。

很明顯的，我們覺得不應該賭 3 或是 18，這感覺是正確的（請看以下的討論）；理由是 3 或 18 都只有一種方式會發生，即 1：1：1 或 6：6：6，而我們直覺的認為這樣的事件，機率很低。

顯然，選擇點數和為 7 是比較好的選擇，為什麼呢？因為有更多種配方可以使三個骰子的點數和為 7，7 可以有四種分配方法，1：1：5、1：2：4、1：3：3、2：2：3。我們也覺得好像數字愈大，配方就愈多，當然只能大到某個程度，差不多是 3 跟 18 的中間。但是，怎麼決定 9 或 10 哪個比較好？簡單算一下就可以知道 9 跟 10 有同樣的配方。下述是 9 跟 10 所有可能的分配方法：

9　1：2：6，1：3：5，1：4：4，2：2：5，2：3：4，3：3：3
10　1：3：6，1：4：5，2：2：6，2：3：5，2：4：4，3：3：4

乍看之下會覺得 9 跟 10 贏的機率是一樣的，因為它們的配方數一樣，但接下來我們將討論這個結論是錯的；正確答案是 10 贏的機會比 9 要來得大一點。雖然 9 跟 10 有同樣的配方數，但三個骰子擲出點數和為 9 的結果，還是比 10 來得少一點點。換句話說，雖然它們的配方數一樣，但是每一個配方的「權重」不一樣。比如說 1：4：4 可以有三種可能：

1：4：4，4：1：4，4：4：1

如果把每個骰子用不同的顏色標上，例如藍、紅、白，比較容易表達結果：

　　藍1、紅4、白4　　藍4、紅1、白4　　藍4、紅4、白1

　　如果把所有可能的排列組合，跟所有可能的權重都列出來，點數和為 9 的所有可能是：

```
1：2：6   1：3：5   1：4：4   2：2：5   2：3：4   3：3：3
1：6：2   1：5：3   4：1：4   2：5：2   2：4：3
2：1：6   3：1：5   4：4：1   5：2：2   3：2：4
2：6：1   3：5：1                       3：4：2
6：1：2   5：1：3                       4：2：3
6：2：1   5：3：1                       4：3：2
```

權重： 　　6　　　　6　　　　3　　　　3　　　　6　　　　1

點數和為 9 的結果可以有 25 種。

　　點數和為 10 的可能性有：

```
1：3：6   1：4：5   2：2：6   2：3：5   2：4：4   3：3：4
1：6：3   1：5：4   2：6：2   2：5：3   4：2：4   3：4：3
3：1：6   4：1：5   6：2：2   3：2：5   4：4：2   4：3：3
3：6：1   4：5：1             3：5：2
6：1：3   5：1：4             5：2：3
6：3：1   5：4：1             5：3：2
```

權重： 　　6　　　　6　　　　3　　　　6　　　　3　　　　3

點數和為 10 的結果可以有 27 種。

　　點數和 9 有 25 種不同的排列結果，而點數和 10 有 27 種。所以相對來說，賭 9 跟 10 贏的比例是 25：27，也就是賭 10 贏的機率比較大。所以，伽利略提出最佳的贏錢數字就是 10。

　　但是，10 是「最棒」、「最正確」的贏錢數字，這是什麼意思？很顯然，有可能我選擇了 10，你選擇了 3，而你贏了錢；我們的計

算能保證我選了 10，就一定會贏錢嗎？顯然不是。那 25：27 又代表什麼呢？

機率學告訴了我們答案。既不準確，也不完全令人滿意的答案，而且不保證你可以贏。它只告訴我們，如果玩這個遊戲很多次，那麼賭 9 贏的機率是 25/216，賭 10 贏的機率稍微大一點，是 27/216（216 是所有可能出現的組合，6^3=216）。要玩多少次才保證我一定贏呢？這個問題，理論就無法告訴我們了。它只說如果你玩了接近無限次的話，出現 9 的機率是 25/216，出現 10 的機率是 27/216，但是玩無限次是不可能的。所以到底機率的意義為何？我們只能說 27：25 這個比例，反應了我們對於 10 比 9 更可能贏的*信心程度*。[5]

現在暫且把這個遊戲放一邊，待會再回到這個遊戲以及更多骰子遊戲。

在前面的討論中，我們使用機率這個名詞卻沒有定義它。事實上，許多人都曾試著去*定義*它，但是每個定義都有些缺點。更嚴重的是，每個定義都還是用到了機率的概念，也就是說所有的定義都有套套邏輯的成分。現在數學理論中的機率學是建立在一個公理的基礎上，就像歐幾里得幾何或是任何其他需要公理的數學分支一樣。

公理這招很簡單而且不需要任何數學的知識。機率的公理主要是由柯莫格洛夫（Andrei Kolmogorov, 1903-1987）在 1930 年代建立的。它含有以下三個基本觀念：

1. 取樣空間：在一個特定且明確規範的實驗中，所有可能出現的結果。舉例來說，擲一個骰子的取樣空間是 {1, 2, 3, 4, 5, 6}；丟一個銅板的取樣空間是 { 正面，反面 }。這些稱作基本事件。很顯然，我們無法為所有實驗都寫出取樣空間，有

些實驗有無限多的元素（例如往標靶射箭），有些甚至無法描述。我們只對簡單的取樣空間感興趣——那些直截了當的結果或基本事件。

2. **一組事件**：一個事件是由一堆基本事件所定義的。例如：

    a. 擲骰子出現「偶數」的結果，是由 {2, 4, 6} 這些基本事件構成的，即 2、4、6 出現了，或將出現。[6]

    b. 擲骰子出現「大於或等於 5」的數字，是由 {5, 6} 所構成，即 5 或 6 會出現。

在數學中，一組事件包含所有的部分取樣空間。[7]

3. **機率**：我們給予每一個事件一個數字，代表事件發生的機率。它有以下的特質：

    a. 每個事件發生的機率都介於 0 和 1 之間。

    b. 某確切的事件（也就是已經發生的事件），機率為 1。

    c. 不可能發生的事件，機率是 0。

    d. 如果兩個事件是互斥的，那麼兩個事件的綜合事件發生機率，就是各自事件發生機率的總和。

條件 a 只是簡單給出機率函數的範圍。在日常生活中，我們可能會用 0% 至 100% 去描述一個事情，例如明天下雨的機會；在機率理論中，則使用 0 ～ 1 的範圍。第二個條件只是說，如果我們真的去做實驗，一定會得到的結果，稱為確切事件，它的機率為 1。同理，我們設定不可能發生的事件，機率為 0。最後一個條件在直覺上不證自明，互斥是指一事件的發生，會讓另一件事情發生的機率為零；在數學上，我們說這兩個事件的交集為零（也就是不包含任何基本事件）。

舉例來說，有兩組事件：

A=｛擲骰子出現偶數｝

B=｛擲骰子出現奇數｝

很顯然，事件 A 跟 B 是互斥的，出現一事件會排除另一事件的發生。如果再定義一個事件如下：

C=｛擲骰子出現等於或大於 5 的數字｝

很顯然，A 和 C 或 B 和 C 不是互斥的。A 和 C 擁有共同基本事件 6，而 B 和 C 都有基本事件 5。

擲骰子出現「等於或大於 4 的數字」和「小於或等於 2 的數字」，顯然是互斥的。我們可以算出第一個事件 {4, 5, 6} 發生的機率為 3/6，而第二個事件 {1, 2} 發生的機率為 2/6。因此綜合事件 {1, 2, 4, 5, 6} 的機率是 5/6，是 2/6 與 3/6 的和。

表示機率跟加法規則的概念，有一個非常有用的方法，就是文氏圖（Venn diagram）。如果矇住眼睛，向一個面積為 S=A×B 的方形板子丟飛鏢，假設飛鏢一定會擊中板子的某處（圖 2.1），現在我們在板子上畫一個圓圈，然後問飛鏢落在這個圓圈區域內的機率有多少。[8] 用常理假設，「飛鏢落在圓圈內」的機率等於圓圈面積跟板子面積的比例。[9]

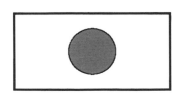

圖 2.1

板子上的兩個區域如果沒有重疊，我們稱為「無交集」（見圖2.2）。很明顯，擊中任一區域的機率，等於這兩個區域的面積與板子面積的比。

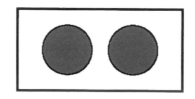

圖 **2.2**

這馬上指出我們之前在公理中提到的加法規則：擊中任一區域的機率，是擊中各自區域機率的總和。

然而當兩個區域重疊時，這加法規則就不成立了。也就是說板子上的某些點，同時屬於兩個區域，如圖 2.3。

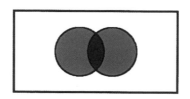

圖 **2.3**

現在很明顯，擊中任一區域的機率，等於擊中各自區域機率的和，再扣掉擊中重疊區域的機率。只要簡單想想這兩個區域覆蓋的面積：它是兩個區域的面積加總再減去重疊處的面積。

在這個相對簡單的公理上，機率的數學理論大廈已經建立起來了。它在科學及相關領域中極為有用，而且是非常基本的工具。我們必須了解，所有理論的基礎都是簡單、直觀的，通常不需要常識以外的知識。

在這個機率理論的公理架構中，機率被分派給每一個事件，[10]

它們需要遵守機率的 a、b、c、d 四個條件。理論上，我們並沒有定義機率，也沒有提供計算或測定機率的方法，[11] 事實上，沒有任何方法可用來計算一般事件的機率；它只是我們覺得某些事情發生的可能性之數值，所以是非常主觀的。

　　然而，對於某些非常簡單的實驗，像是丟銅板、擲骰子，或是在某個空間內找尋一定數量的原子，我們有一些很好的方法來計算機率。這些方法只適用於「理想」的情形，雖然有它們的極限，但到頭來非常有用。更重要的，因其基於常理，我們都得同意它們是「正確」的，也就是說這些機率從主觀的轉為客觀的了。接下來，我們要提到兩個非常有用的「定義」來說明這個概念。

2.1 古典定義

　　這個定義有時稱為先驗定義。[12] N（全部）是實驗所有可能的結果，例如，擲一個骰子的 N（全部）為 6，即實驗有 6 個基本事件；用 N（事件）來表示某個我們感興趣的事件中，基本事件的數目，在「偶數」事件中，有三個基本事件 {2, 4, 6}；某個我們感興趣的「事件」的機率可以定義為 N（事件）/N（全部）。我們已經用過這個直覺上有說服力的定義計算過「等於或大於 4」事件的機率，丟一個骰子的基本事件數目 N（全部）為 6，「等於或大於 4」事件中，有三個基本事件，N（事件）=3。因此，此事件的機率為 3/6 或 1/2，正是我們同意的「正確」機率。

　　然而我們得小心使用這樣定義的機率。第一，不是所有的事件都可以「分解」成基本事件，例如事件「明天十點鐘會開始下雨」就無法分解。更重要的，上面的計算假設了每個基本事件發生的機

率是一樣的，換言之，每個基本事件都有相同的機率，以骰子而言是 1/6。但是怎麼知道是這樣呢？我們藉由基本事件發生的機率來計算機率，這就是傳統定義不能做為機率真實的定義之理由，它是一個迴圈定義；儘管如此，這個「定義」（或說計算機率的方法）是非常有用的。

很顯然，這個定義來自每個基本事件的機率皆為 1/6 的信念；為什麼會信任這樣的主張？我們最棒的做法是訴諸於對稱性的論點。因為骰子的各個面向是一樣的，它們的機率必然相同，我們必須一致同意接受這樣的結論，就像公理說兩條直線最多只能交於一點。因此，雖然「明天會下雨」的機率是很主觀的，但是擲骰子出現「偶數」的機率為 1/2，任何使用機率學的人都得同意，就如同任何人想要使用幾何學，就得接受幾何學的公理一樣。

如同幾何學，所有從公理中推導出的機率和理論，都只能應用在理想狀況上，也就是「均勻公正」的骰子或「均勻公正」的硬幣。我們沒辦法定義什麼是均勻公正的骰子，它就像柏拉圖的圓或立方體一樣，是一個「理想」的觀念。[13] 所有真的骰子，還有真的立方體跟球形，只是趨近於理想柏拉圖物體的複製品。實際上，如果沒有任何理由去懷疑骰子是否均勻或不對稱，我們就假設它是理想的。

儘管有這樣的限制，這種計算機率的方法在許多應用中都非常好用。統計力學中有個基本假設，構成巨觀系統的每個微觀態都擁有相同的機率；再一次，我們無法證明這個假設，就像無法「證明」擲骰子得到任何一面的機率為 1/6。這導致我們有第二個「定義」，或者可以說第二個計算機率的方法。

2.2 相對頻率定義

這個定義稱為後驗的或「實驗」的定義，因為它真的去計算事件發生的相對頻率。

最簡單的例子還是丟一個銅板，它有兩個可能的結果：正面或反面；我們排除一些少見的事件，像是銅板垂直站立、銅板摔成兩半或銅板滾走不見等等。

持續丟銅板 N 次，記錄出現正面的頻率，這是一個規範清晰且可行的實驗。如果在 N（全部）次的投擲中，n（正面）是出現正面的次數，那麼出現正面的頻率就是 n（正面）/N（全部）。出現「正面」的機率則定義為當 N 趨近於無限大時，這個頻率的極限值。[14] 很明顯，這個定義並不實際：第一，我們不可能丟擲銅板無限次；第二，就算可以，誰能夠保證這樣的極限值存在？只能想像這個極限值是存在的。我們相信這樣的極限值存在，而且是獨一無二的數字；不過事實上無法證明。

實際上，我們可以在 N 非常大時使用這個定義。為什麼？因為我們相信，如果 N 足夠大而且銅板公正的話，那麼應該有很高的機率出現正面的相對頻率為 1/2。[15] 你看，我們又一次在機率的定義中使用機率的概念。

這個方法可以「證明」骰子每一面出現的機率為 1/6，只要簡單重複實驗許多次，然後去數出現 4（或任何其他數字）的次數。相對頻率可以用來當事件發生機率的「證明」，理由是我們相信 N 夠大的話，就可以得到正確的頻率。

但假如擲了一百萬次骰子，卻發現出現「4」的頻率是 0.1665 而不是 0.1666……，該怎麼辦？我們可以做出什麼結論呢？其中一個結論：骰子是「公正」的，只是我們擲的次數還不夠多；另一個結論：

骰子是不公正的，某一面可能稍微重一點點；第三個結論：擲骰子的方法不是完全隨機的。

所以我們怎麼估計事件的機率？唯一的方法是相信我們的常識；常識告訴我們，因為骰子的六個面是相同的，所以每一面出現的機率一定是一樣的。我們沒有任何辦法可以證明它，只能說如果骰子是理想的（雖然不存在這樣的骰子），我們相信如果擲許多次骰子，那出現 4 的機率會是 1/6。這種信念，聽來雖然主觀，但我們都得接受並認定是客觀的。你有權力不去相信它，但如果不同意的話，你就無法使用機率理論，也無法相信本書後續的論點。

基本事件的認定不永遠都那麼簡單或可行，我們舉一個有名的例子來說明這件事。假設有 N 個粒子（比如說電子）和 M 個盒子（比如說能階），有許多不同的方法可以把 N 個粒子放到 M 個盒子中。如果沒有任何其他的資訊，我們可能會假設任何組態的機率是相等的，圖 2.4 秀出 N=2，M=4 的所有組態。

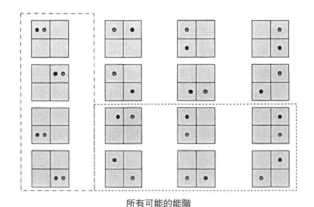

所有可能的能階

圖 2.4

　　假設 16 種組態的機率都一樣，這叫做「古典統計」，不要跟機率的「古典」定義混淆了。如果把銅板或是骰子放在盒子裡，這定義是對的，但如果是把分子粒子放在能階中，就行不通了。

　　後來發現自然界給予了這些算是基本事件的組態一些限制，自然界還告訴我們，基於粒子的不同，有兩種方法來列出基本事件。以其中一種叫玻色子的粒子（如光子或 ^{4}He 原子）來說，其中只有 10 種組態的機率是一樣的，如圖 2.5 所示。第二種粒子（如電子或質子）叫做費米子，只存在六種組態，如圖 2.6 所示。

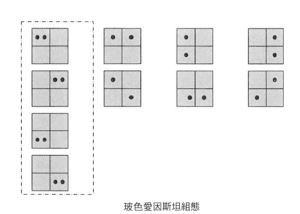

玻色愛因斯坦組態

圖 2.5

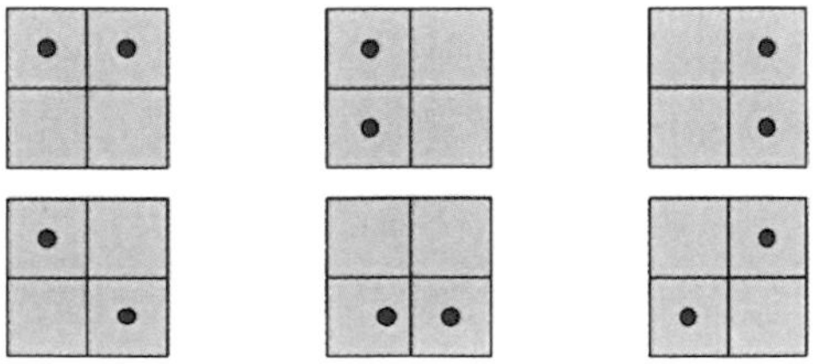

費米狄拉克組態

圖 2.6

我們說圖 2.5 的第一種粒子遵守玻色愛因斯坦統計，圖 2.6 的第二種粒子遵守費米狄拉克統計。提起這個例子，只是為了說明這個世界並不存在一個通用的法則，來算出基本事件，我們只能透過嘗試與錯誤來慢慢選出基本事件，然後去找理論來支持這個最終的正確選擇。靠著這樣的方式，才得以發現深奧淵博的物理定律。[16]

2.3 獨立事件和條件機率

事件相互影響及條件機率的觀念是機率理論的中心思想，並在科學領域上有很多的應用；[17] 本書中我們只需要用到兩事件互相獨立的觀念。然而，以條件機率為基礎的推論，出現在很多機率的應用上。

假如一個事件的發生對另一事件發生的機率毫無影響，此二事件稱為獨立事件。

例如，假如兩個相距很遠的人各自丟擲一個公正的骰子，一個骰子是「5」，對於另一個骰子是「3」的機率，完全沒有影響（圖 2.7）中左邊那對骰子）。相反的，假如兩個骰子是用一條有彈性的線連在一起（圖 2.7 中右邊那對骰子），則兩個骰子丟擲的結果互為影響。想當然耳，當兩事件互為獨立時，它們發生的機率，即一個骰子是「5」，另一個骰子是「3」，是個別發生機率的乘積。理由很簡單，同時丟兩個骰子，總共有 36 種基本事件，每一種結果都有相同的機率 1/36，等於 1/6 乘以 1/6，即為個別事件機率的乘積。

圖 2.7

　　第二個基本觀念是條件機率，它的定義是：事件 B 已發生時，事件 A 發生的機率。我們用 Pr{A/B} 來表示（讀為，已知 B 發生時 A 發生的機率）。[18]

　　很明顯的，假如兩事件是獨立的，則 B 事件的發生對於 A 事件發生的機率毫無影響，我們寫成 Pr{A/B}=Pr{A}。當事件互相影響時，即當一件事的發生確實影響另一事件的發生時，趣事就發生了。在日常生活中，我們常常做條件機率的估算。

　　有時，一事件的發生增加了第二事件的機率，有時又減少了。

範例：

1.「假如中午時天空布滿雲層，今天下午會下雨」的機率，**大於**「今天下午會下雨」。

2.「假如正午時天氣晴朗，今天下午會下雨」的機率**小於**「今天下午會下雨」。

3.「假如擲骰子得到 4，今天會下雨」的機率**等同於**「今天會下雨」。

　　我們可以說，第一個例子中兩事件正相關；第二個例子中兩事件負相關；第三個例子中兩事件是不相關或毫無關係的。[19]

　　在上面三個例子中，我們覺得說法正確，但是無法量化；不同的人對於「今天下午會下雨」的機率有不同的估計。

　　為了把事情量化及客觀的表現出來，我們來想想下述的事件：

A=｛擲骰子得到「4」｝

B=｛擲骰子得到「偶數」｝（即得到 2，4 或 6）

C=｛擲骰子得到「奇數」｝（即得到 1，3 或 5）

我們可以計算以下兩項條件機率:

$$Pr\{A/B\}=1/3 > Pr\{A\}=1/6$$
$$Pr\{A/C\}=0 < Pr\{A\}=1/6$$

第一個例子是說,B 發生時,A 發生的機率會增加;B 未發生時,A 的機率是 1/6(六種可能性之一),已知 B 發生時,A 發生的機率變大了,成為 1/3(三種可能性之一)。但是,已知 C 發生時,A 的機率變成零,即小於 C 未發生時的機率。

分離事件事件(彼此排除的事件)和**獨立**事件不同,要懂得如何區分。分離事件是互斥的,一事件的發生排擠第二事件的發生,事件互斥是事件本身的性質(即兩事件沒有共同的基本事件);事件的獨立不是因為沒有共同基本事件,而是由它們的機率不互相影響。假如兩事件是分離事件,它們彼此之間互為影響,下面的例子說明互為影響與重疊程度的關係。

我們來思考下面的案例。旋轉輪盤中總共有 12 個數字,如圖 2.8 所示:

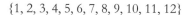

{1, 2, 3, 4, 5, 6, 7, 8, 9, 10, 11, 12}

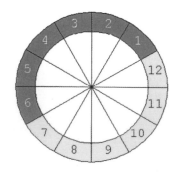

圖 2.8

每個人選擇 6 個連續數字，嗯，我選的是：

$$A = \{1, 2, 3, 4, 5, 6\}$$

你選的是：

$$B = \{7, 8, 9, 10, 11, 12\}$$

球繞圓環滾，假設輪盤是「均勻公正」的，即每一數字出現的機率都是 1/12。假如球停在我的領域，即停在我選的數字 {1, 2, 3, 4, 5, 6}，我贏；假如球停在你的地盤，即停在你選的數字 {7, 8, 9, 10, 11, 12}，你贏。

顯然我們兩人都有 1/2 的機率贏，球停在任何一個數字上的機率都是 1/12，我們各自的地盤都有 6 個數字，因此贏的機會是一樣的。

現在，假設我們玩這遊戲，你知道我贏了，假如你選擇 B，你贏的機率是多少？顯然，Pr{B/A}=0 ＜ 1/2，即在 A 發生的情況下，條件機率 B 是 0，小於非條件機率 Pr{B}=1/2。

來做個簡單的練習，試試看計算下述的條件機率。在每一個例子中，我選擇的系列 A－{1,……,6} 是固定的，計算下述你選的不同系列的條件機率（注意在這個遊戲中，我們倆可以同時是贏家）。

Pr{7,8,9,10,11,12/A}　　Pr{6,7,8,9,10,11/A}

Pr{5,6,7,8,9,10/A}　　Pr{4,5,6,7,8,9/A}

Pr{3,4,5,6,7,8/A}　　Pr{2,3,4,5,6,7/A}

Pr{1,2,3,4,5,6/A}

注意相關性如何從最負的情況（「A 發生」時，一定排除你在第一個例子中贏的機會）變為最正的情況（「A 發生」時，確定你在最後一個例子一定贏）。在某一中間步驟，有一個系列的數字與「A 發

生」無關，是哪一組數系？假如你能計算上述的條件機率，就表示你了解分離事件與獨立事件的不同，假如你無法算出，可以看 2.10.1 節的答案。這是一個很好的練習，雖然這對了解第二定律並不重要。

2.4 三個提醒

2.4.1 條件機率與主觀機率

人們傾向於認為「機率」是客觀的，而條件機率是主觀的。首先，請注意機率永遠是條件式的，說到擲骰子得到「4」的機率是 1/6 時，我們真正的意思是假設 1、2、3、4、5、6 等 6 個數字之一會出現，且骰子是均勻公正的，在這個條件之下我們隨意丟擲骰子，得到「4」的條件機率。我們通常在記載中常隱匿了假設的條件，而稱其為非條件機率，認為這是客觀機率。[20]

現在來考慮下面兩對例子：

O_1：假如賈客博**知道**結果是「偶數」，得到「4」的條件機率是 1/3。

O_2：假如阿巴拉罕**知道**結果是「奇數」，得到「4」的條件機率是 0。

S_1：假如被告被警察在犯罪現場看到，「被告有罪」的條件機率是 9/10。

S_2：假如被告在犯案時間被至少五個人在其他城市看到，「被告有罪」的機率幾乎是 0。

在所有上述的例子中，我們傾向於把條件機率視為主觀機率。原因是我們都用自己的知識做判斷，因此是非常主觀的。然而事實不然，O_1 及 O_2 的機率都是客觀機率。

提到知道條件的人的名字，不會使條件機率變為主觀。在 O_1 中，我們把賈客博的名字改成拉契，假如拉契知道結果是偶數時，得到「4」的條件機率仍是 1/3。結果是一樣的。這項敘述的主觀性是錯覺，從「知道」條件的人名而來。最好把 O_1 重新寫成：

假如我們知道結果是偶數，得到「4」的條件機率是 1/3。

更好的寫法是：

假如結果是「偶數」，得到「4」的條件機率是 1/3。

在這兩個敘述中清楚看到，賈客博、拉契或我們任何人，知道條件的事實，對條件機率都沒有影響。在最後一個敘述中，條件完全不涉及個人。因此我們得到下面的結論：假設條件的本身不會把客觀（非條件）機率變成主觀機率。

考慮下述的由卡連（Callen, 1983）書中節錄的文字：

「在平常使用時，機率的觀念有兩種不同的闡述。『客觀機率』與頻率或發生的比例有關；『新生兒是男娃的機率稍稍低於 1/2』是有關人口調查的統計數據。主觀機率是在沒有最佳資訊時得到的期望值，尚未出生的嬰兒，醫生推測是男嬰的（主觀）機率，端賴於醫生對於家族歷史的了解、母親荷爾蒙濃度的數據、愈來愈清晰的超音波影像，以及經驗和專業知識，但仍然是主觀的猜測。」

雖然沒有很明確的說，作者的意思是，在第一個例子：「新生嬰兒是男性的機率稍微小於一半」是對非條件機率問題「新生兒是男嬰的機率是多少？」的答案；第二個例子是回答條件機率：「假如有了所有上述的資訊，某特定尚未出生嬰兒是男生的機率。」

　　很明顯，第二個問題的答案非常主觀，不同的醫生有不同的答案。但是假如有不同資訊，第一個問題的處境也一樣。致使第二個問題和答案主觀的原因，不在於假設的條件或特定的資訊，或不同醫生的特定經驗或專業知識，而在於缺乏足夠的知識與訊息。不足的資訊讓人對第二個問題可以自由的給予（主觀）答案，第一個問題也一樣。假如所有被問到的人都有相同的知識，即沒有外來資訊，他們隨意猜測答案。第一個問題不是引號中的「有關人口調查的統計數據」，而是在假設已知「統計數據」時，新生兒是男生的機率是多少。假如你沒有任何資訊，就無法回答這個「客觀問題」，但有相同「統計數據」的任何人，會給同樣的客觀答案。

　　似乎大家都同意，機率基本上有兩種型式，一種稱為判斷機率，這是非常主觀的，另一種是物理或科學機率，這是客觀機率；兩種型態都可能是條件式或非條件式。本書中我們只用到科學的客觀機率。在所有科學上用到機率時，我們總是假設機率可由明白的或暗示的方法計算出來，這些計算有時很簡單，有時非常難，[21] 但你永遠可以假設它們就存在於事件「那兒」，如同質量依附於物質一般。

2.4.2 條件機率與因果關係

　　事件的條件機率中的「條件」可能是，也可能不是事件的緣由。考慮下述兩個例子：

1. 假如病人是老菸槍，他死於肺癌的條件機率是 9/10。
2. 假如病人罹患肺癌，他是老菸槍的條件機率是 9/10。

　　顯然第一個假設條件中的資訊是肺癌發生的原因（或非常可能

的原因），在第二個例子中，假設條件中的資訊，即病人罹癌，當然不是他成為老菸槍的原因。病人很可能從二十歲就開始吸菸，遠在罹癌之前。

雖然上述兩個例子很清楚，但是有些案例的條件機率與緣由混淆不清。如同我們看到原因在結果前出現，在條件機率中，條件也是先發生的。

福爾克（Ruma Falk, 1979）曾詳盡研究下面所述簡單的例證，[22] 你可以把它當成計算條件機率的簡單練習，但是這例子還有更多意義。它示範了我們如何直觀的連結條件機率和時間箭頭，以及令人困惑的因果關係和條件機率的論證（在第八章中有進一步的討論）。

問題很簡單，一個甕裡有四個球，二顆白、兩顆黑，球混合好了，我們蒙著眼拿一顆。

第一個問題：「先拿到白球」的事件，機率是多少？答案馬上出來了：1/2，有四種一樣可能的結果；其中兩種與「白球」事件一致，因此事件發生的機率是 2/4，等於 1/2。

第二個問題：假如第一次拿到白球（而第一次拿到的白球沒有放回甕裡），第二次拿到白球的條件機率是多少？我們用 Pr｛白球 2／白球 1｝來表示此條件機率，計算很簡單，我們知道第一次拿到了白球而白球沒有放回去，在第一次拿球後，還剩下三顆球；二黑一白。這回拿到白球的機率是 1/3。

這是很直截了當的，我們寫成

$$Pr｛白球 2／白球 1｝=1/3$$

現在，比較詭異的問題：假如第二次拿到的是白球，那我們第一次拿到白球的機率是多少？用數學符號來描述，就是

$$Pr｛白球 1／白球 2｝= ？$$

這是令人困惑的問題。一個「現在」的事件（第二次拿到白球）怎麼可能影響「過去」的事件（第一次拿到白球）？

實際在課堂問這些問題，學生輕易回答了 Pr｛白球 2/ 白球 1｝的問題，理由是第一次拿到白球導致甕中的球不一樣了，因此影響第二次拿到白球的機率。

但是問到 Pr｛白球 1 ／白球 2｝時，教室裡一陣騷動。有人說這個問題毫無意義，因為現在發生的事件不能影響過去事件的機率，答案應該是 1/2；他們錯了，答案是 1/3。進一步的討論及福爾克的分析見於福爾克的論文（Falk, 1979）。在這兒提醒讀者注意，有時我們被誤導，把因果關係與條件機率結合，因此自覺以為條件在結果之前出現，於是把條件機率與時間箭頭相連結。

我們要懂得區別因果關係與條件機率，或許應該提到因果關係的一項特質，這也是條件機率所沒有的；因果關係是可以傳遞的。意思是假如 A 引發 B，B 引發 C，則 A 引發 C。一個簡單的例子：假如抽菸引起癌症，癌症引起死亡，則抽菸引起死亡。

條件機率可能具有傳遞性，也可能沒有。我們已經區分了正相關（或輔助相關）和負相關（相反或反輔助相關）。

假如 A 輔助 B，即假如 A 發生時，B 發生的機率大於單一 B 事件發生的機率，$Pr\{B/A\} > Pr\{B\}$，假如 B 輔助 C（即 $Pr\{C/B\} > Pr\{C\}$），通常並不盡然會接著 A 輔助 C。

這兒有一個輔助條件機率不能傳遞的例子。考慮下述三個擲骰子的事件：

$$A=\{1, 2, 3, 4\} \qquad B=\{2, 3, 4, 5\} \qquad C=\{3, 4, 5, 6\}$$

顯然，A 支援 B 即 $Pr\{B/A\}=3/4 > P\{B\}=2/3$，B 支援 C，即 $Pr\{C/B\}=3/4 > P\{B\}=2/3$，但是 A 不支援 C，即 $Pr\{C/A\}=1/2 < P\{C\}=2/3$。

2.4.3 條件機率與聯合機率

假如你從未學過機率，可能從下面這個故事獲益良多。

我有一個習慣騎摩托車的朋友，一天晚上在高速公路上騎車時，被卡車撞到嚴重受傷。我去醫院看他，他竟笑容滿面心情愉悅，我猜是因為他很快就能完全復原。但出乎意料，原來是因為他剛讀了一篇有關車禍發生頻率的統計報告；報告說，發生車禍的機率是千分之一，一輩子發生兩次車禍的機率約為百萬分之一。於是，他快樂的做了結論：「有了這次的意外，我知道再發生意外的機率會非常的小……」我不想掃他的興，顯然他被「一生中有兩次意外」的機率與「假如有了一次意外再有第二次意外」的條件機率給搞混了。

當然啦，他的結論可能是對的，但是機率上的理由是錯誤的。假如是因為自己的錯誤造成了意外，他以後可能非常小心，避免在高速公路上騎車，或在夜間騎車，或全然不騎摩托車了，這些都會降低第二次意外發生的可能。這種說法意指這兩個事件互為影響，即「假設條件」影響第二次意外發生的機會。但是，假如兩事件不互為影響，即是說，假如造成意外不是他的錯，即使他在未來非常非常小心，發生第二次意外的可能性，並不會只因為有了第一次意外而降低！

讓我們說得更精準些，假如你擲銅板一千次，每次的結果都是正面，下一次得到正面的機率是多少？大部分未經訓練的人都會說得到 1001 次正面的機會非常小。這是正確的，機率是 $(1/2)^{1001}$，的確非常非常小；但是問題的核心在於：丟了 1000 次銅板得到 1000 次正面的情況下，得到正面的條件機率是多少？條件機率是一半（假設所有的事件是獨立的）。

　　引起困惑的理由是，你知道得到正面和反面的機率各一半，假如你正常的丟 1000 次銅板，最可能得到各約 500 次的正面和反面。而如果開頭 1000 次都得到正面是可能的（雖然非常罕見），你可能覺得「是出現反面的時候了」，應該這樣沒錯；已經有了 1000 次的正面，現在得到反面的機率該接近 1 了。但錯了，事實上，假如銅板擲了 1000 次都得到正面，我懷疑它可能是不均勻的，於是可能做出的結論是，下一次得到正面的機會大於 1/2。

　　結論如下：假如我們拿到一個均勻的銅板，隨意丟擲（也就是得到正面的機率是 1/2），得到 1000 次正面的機率非常低，只有 $(1/2)^{1000}$，但是下一次得到正面的條件機率，「在一路都是正面」的條件下，依然是 1/2；這在每一次的丟擲都是獨立事件時，當然是正確的。

2.5 談一點資訊理論

　　資訊理論誕生於 1948 年，[23]「資訊」如同機率，是定性、不精確且非常主觀的觀念；不同的人得到相同的「資訊」，會有不同的想法、效應和價值。

　　假如我剛投資了 IBM 的股票，而你正好把它賣了，當讀到 IBM 正推出一款新型且非常先進的電腦時，我們會有截然不同的反應。而在莫三鼻克的農民正好也聽到了這個消息，卻可能完全沒有反應，事實上，這個消息對他毫無意義。

　　正如機率理論源於主觀而不精確的概念，資訊理論剛開始也一樣，之後經過純化，發展成定量、精確、客觀而非常有用的理論。在本書裡，資訊理論是了解熵的重要里程碑。[24]

　　最初，夏濃（參見參考資料 Claude Shannon, 1948）在資訊沿通

訊路線傳導的文章中介紹資訊理論，其後發現它在統計力學，及很多其他迥然不同的研究領域，如語言學、經濟學、心理學等很多領域都非常有用。

　　我在這兒只介紹資訊理論中幾種最基本的概念，也就是解釋資訊與熵的相關及回答「是什麼東西改變了？」，以及用到「資訊」這個名詞時，所需要的最起碼的知識。在第八章中，我將討論熵不過是資訊理論中定義的「欠缺的資訊」而已。

　　讓我們姑且從一個熟悉的遊戲開始，我選擇一樣東西或一個人，而你只回答是或否，以此找出我選的人或物。假設我選了愛因斯坦這個人，你得靠問是非題來找出答案。下面是兩種可能提問「策略」：

愚蠢「策略」	聰明「策略」
1. 是尼克森嗎？	1. 這人是男性嗎？
2. 是甘地嗎？	2. 他活著嗎？
3. 是我嗎？	3. 他在政界嗎？
4. 是瑪麗蓮夢露嗎？	4. 他是科學家嗎？
5. 是你嗎？	5. 他很有名嗎？
6. 是莫札特嗎？	6. 是愛因斯坦嗎？
7. 是尼爾斯波爾嗎？	
8.	

　　我把這兩個策略分為「愚蠢」與「聰明」，理由很簡單，也希望你能同意。原因如下：假如你使用第一個「策略」，當然啦，你可能在第一個問題就觸及正確答案，而使用「聰明」策略，你不可能在第一個問題就贏。但是一舉中的是非常不可能的事，更可能的是你「永遠」在問上表中這類特定問題，而一直找不到正確答案。

　　第二個「策略」較優的理由是，你每問一個問題都得到更多資訊（見下文），即你排除了很多可能性（理想上會排除一半的可能性；之後有更精確的案例）。在聰明「策略」裡，假如第一個答案是「是」，那麼你排除了一大堆的可能，也就是所有的女性；假如第二個答案是「否」，你又去除了所有活在世上的人；在每一個持續增加的答案裡，每一次都去除了一大族群的對象，縮小了可能的範圍。

　　但是使用愚蠢「策略」時，假如沒有在頭幾個問題就幸運碰到答案，之後每一次的答案，都僅排除一個可能性，事實上你幾乎沒有縮小可能性的範圍。我們雖然還沒有定義資訊這個名詞，但很明顯，使用聰明「策略」，在每一次答案中，得到的資訊多於愚蠢「策略」。似乎耐心的選擇聰明「策略」，結果會優於莽撞的想立刻找到答案。所有上面說的都很定性，這也是我把「策略」這個詞放在引號中的原因。這兒用到的「資訊」名詞是不精確的（在資訊理論的架構中會較精確），但是我希望你同意，你會感覺我把第一個表單歸為「愚蠢」問題，而第二個表單歸為「聰明」問題，是正確的。

　　假如沒這種感覺，試著分別用這兩種策略玩幾次這個遊戲，我保證你會發現，聰明策略是真的聰明多了。很快的我們要把遊戲變得較精準，以論斷為何一組問題真是「愚蠢」，而另一組真正「聰明」，更重要的，除了和我一樣相信「聰明」策略真的是最聰明的，也沒啥其他選擇。現在讓我們先仔細想想這個非常簡單的遊戲，並試著了解，為什麼我們不能對這兩個策略的優點做精準的說明。

　　第一，你永遠可以爭論，因為你知道我是科學家，我很可能選擇像愛因斯坦這樣的人，你最好選第一個策略，這樣很可能一猜就中。但是，知道你會這樣想，我可比你聰明，反而會選擇演員寇克道格拉斯；顯然很難主張要採取這條路線。

　　遊戲中可能有很多其他的主觀元素，進一步來說，你可能聽到晨間新聞，一個長期遭通緝的連續殺人犯被抓到了，你猜測或知道我可能也聽到了同樣的消息；因為我對此印象鮮明，可能選那個人。

　　這是我們不能在這類遊戲上建構資訊數學理論的原因，有太多定性及主觀的元素阻撓它的量化。無論如何，感謝夏濃的資訊理論，讓我們可能「簡化」這類遊戲，直到沒有絲毫主觀性。

　　現在我們來描述一個新的遊戲，基本上和以前的一樣，但是經過純化，變得簡單多了，較適合做精確、定量及客觀的處理。

　　有八個相同的盒子（圖2.9），我藏了一個銅板在其中一個盒子裡，你得找出那個盒子。所有的訊息只是銅板一定在其中一個盒子中，而我並沒有「偏好」任何一個盒子。由於盒子是隨意選的，在任何一個盒子中找到銅板的機率是1/8。為了公平起見，由電腦隨意產生一個1到8的數字以選出盒子，因此你不能用任何有關我個人的資訊，幫你猜測我「可能」把銅板放在哪裡。

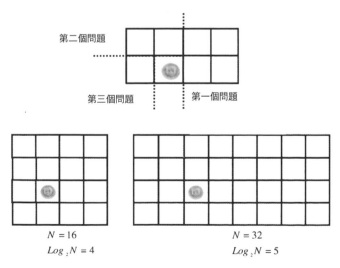

圖 **2.9**

在這個遊戲中，我們已經完全移除了主觀性。我們需要的資訊是「銅板在哪兒」，銅板「藏身之處」的盒子是電腦隨意選的，你也可以問電腦是非題來找到銅板所在。遊戲不需要你或電腦知道的東西，所需的資訊就在遊戲裡，與玩家的個性或知識水準無關。我們很快會給這項資訊定量的量度。

很明顯，你所要的是「銅板在哪裡」的資訊，為得到這些資訊，你只可以問是非題。[25] 不像前一個遊戲有無限可能的對象，這兒只有八種可能，更重要的是，八種可能性都有相同的機率 1/8。

再一次，我們有很多提問策略，下面是兩個極端而明確的策略。

最愚蠢的策略	最聰明的策略
1. 銅板在第一個盒子嗎？	1. 銅板在（八個盒子的）右半邊嗎？
2. 銅板在第二個盒子嗎？	2. 銅板在（剩下的四個盒子的）上半邊嗎？
3. 銅板在第三個盒子嗎？	3. 銅板在（剩下的兩個盒子的）右半邊嗎？
4. 銅板在第四個盒子嗎？	4. 我知道答案啦！
5. ……	

第一，我這兒用到策略這個名詞時，不再使用引號。這兒用的策略是定義清晰和精確的，而在上一個遊戲中，我無法精準的定義它們。這個遊戲中最愚蠢的策略，是問：「銅板在第 k 個盒子中嗎？」此處 k 從 1 到 8 不等。最聰明的策略就不一樣了，它每次都把全部的可能範圍分成兩半。你現在知道，在上一個遊戲中不能定義最聰

明的策略，是因為不清楚所有的可能性，更不清楚把範圍分成兩半是否可能。即使把要找的人限制在特定領域，如在熱力學範圍，我們還是不知道怎麼把範圍分成兩半，或這樣的分割在原則上是否可能。

　　第二，在這個案例中，我用了形容詞「最愚蠢」及「最聰明」的策略（這在上一個例子中做不到，僅只能使用「愚蠢」及「聰明」）。理由是這是能用數學方式證明的，假如你選了最聰明的策略來玩這個遊戲很多很多次，一定贏過任何其他的策略，包括稱為「最愚蠢」的、最糟的那個。因為不能用數學的工具來證明，我試著說服你為什麼「最聰明」策略較「最愚蠢」策略好太多（你也可以和朋友或電腦玩這個遊戲來「證明」）。

　　本質上來說，假如選擇「最愚蠢」的策略，你可能在第一個問題就猜中了正確的盒子，但是成功機率是 1/8，失敗機率是 7/8。假設在第一個問題沒猜中（這很有可能，而當盒子數目很多時，更是可能），接下來你會有 1/7 的機會猜中，6/7 的機會猜錯，如此這般繼續下去；如果第六個問題猜錯了，在第七個問題之後，你就知道答案了。相反的，假如你選擇「最聰明」的策略，你一定無法在第一個問題中找到答案，第二個問題也不行，但保證在第三個問題會得到所需的資訊。試試看，用這個方法在 1000 個盒子中找銅板，證明上述說明的正確性。

　　本質上的理由和前面的遊戲一樣（但現在更精確及量化）。問「銅板在第 1 個盒子嗎？」你可能在第一個問題就贏了，但機率非常非常小。假如沒有從第一個問題得到答案，你僅排除了第一個盒子，把可能的盒子數從 8 減到 7，只有稍稍減少。相反的，使用最聰明的策略，從第一個問題就去除了一半的可能性，剩下了四個可能。第二個問題又去除了一半，只剩下兩個可能，到第三個問題，

你就得到答案了！

在資訊理論裡，欠缺的資訊量，即是我們需要由提問得到的資訊量，由機率分布來定義。[26]

在 這 個 例 子 中 ， 機 率 是 ： {1/8, 1/8, 1/8, 1/8, 1/8, 1/8, 1/8, 1/8}。在問最聰明的問題時，我們從每一個答案得到最大可能的資訊（稱為一位元資訊）。你可以證明，在每一個問題中，把所有可能結果，分割為兩個相同部分時，就能得到最多的資訊。

於是我在最聰明策略的每一步驟，都得到最多資訊，我用最少的問題得到所有的資訊。再一次，我們強調平均來說，這是對的，即假如玩同樣的遊戲很多很多次，最聰明的策略讓我們用最少的問題，得到所需資訊；資訊理論也提供我們方法，計算每一種策略平均需要的問題數。

不管用哪一個策略，需要的資訊量是一樣的，策略的選擇讓我們用不同數目的問題，得到相同數量的資訊。平均來說，最聰明的策略保證，你能用最少的問題得到答案。

假如這說法沒有說服你，試著去想 16 個盒子的遊戲。盒子的數目加了一倍，在最聰明的策略裡，得到答案所需的問題只增加一個！最愚蠢策略需要的問題數就多了。理由還是一樣，最聰明的策略在每一步都得到最多的資訊，而最愚蠢的策略在頭幾步中沒得到什麼資訊。在圖 2.9 中，還有兩個不同盒子數的遊戲，在每一個遊戲中所需的問題數，由資訊理論計算的結果如下所述。[27]

這個階段的重點是：盒子數目愈多，找到銅板所需的資訊就愈多，因此要問更多問題，才能得到答案。直觀上這是明顯的，資訊量由分布決定（在這個有 N 個相同盒子的例子是 {1/N……1/N}）。

你可以想像和電腦玩，如此可讓遊戲完全客觀，沒有個人因子涉入。電腦選了一個盒子，你詢問電腦是非題，假設每得到一個

答案付一分錢，我們當然希望以最少錢得到所需資訊（銅板藏身之處）。選擇最聰明策略，你花費最少，得到最多。在資訊單位的特定定義中，我們可以把「資訊」量等同於使用最聰明策略所需的提問數。

為一個銅板藏在 N 個盒子中的遊戲做總結，我們知道盒子是隨機選的，即藏銅板的人對於盒子沒有任何「偏好」或偏見；換言之，每一個盒子有相同的機率 1/N。在這個例子中，盒子數愈多，找到銅板所需提出的問題愈多。我們可以說，盒子的數目愈多，欠缺的資訊量愈大，於是需要問更多的問題。

讓我們更進一步討論。已知有兩個銅板藏在 N 個盒子裡，假設確實有兩個銅板分別放在不同的盒子裡，而且盒子是隨機選的，找到第一個銅板的機率是 1/N，第一個銅板找到後，找到第二個銅板的機率為 1/（N–1）。顯然在這個遊戲裡，我們需要問更多問題來找到這兩枚銅板。通常在一定數目 N 的盒子中，所藏的銅板數 n 愈多，找到銅板所需的問題愈多。當 n 大於 N/2 時，我們可以改成問哪些盒子是空的，[28] 一旦找到了空盒子，我們就知道藏有銅板的盒子了。當 n=N（如同 n=0），我們有所需的所有資訊，不需要再問任何問題。

2.6 稍稍介紹一點數學、物理和化學

如前言所說，不需要任何高深的數學知識就可以讀懂這本書。假如你真的不懂任何數學，我建議你用大數目來想，用大到想像不來的數目來訓練自己。熟悉指數的表示方式也很有幫助，它是大數目的簡略表示法，一百萬寫成 10^6，指 1 後面有 6 個 0，或 10 自乘 6

次；$10^6 = 10 \times 10 \times 10 \times 10 \times 10 \times 10$。

以一百萬而言，把這個數目以數字寫出來輕而易舉，而當有 10^{23} 這麼大的數字時（大概是一立方公分氣體中原子的數目），你會發現把數字全寫出來非常不便。當數目是 10^{10000} 時，你必須填滿一頁以上的 0，太不實際了！假如數目是 $10^{10^{23}}$，你可能一輩子都在寫 0 而仍然寫不完。

讓你感覺一下我們談的是什麼樣的大數目。我剛剛在一秒鐘內寫了「1000」這個數字，即 1 後面有 3 個 0，可能你寫得更快些，在一秒內寫了「10000」這個數字。假如你是寫字快手，在一秒鐘之內寫了「1000000」（1 後面有 6 個 0，即一百萬）這個數字，在 100 年內你可以在 1 後面寫出多少個 0？下面的算式幫你算出來了。（這是假設這麼多年中你只做這件事）。

$$6 \times 60 \times 60 \times 24 \times 365 \times 100 = 18{,}921{,}600{,}000$$

你在 1 後面可寫出 10^{10} 個。這個數字絕對非常大。
我們可以寫成：

$$10^{(10^{10})} = 10^{（1\,後面有\,10\,個\,0）} = 10^{10000000000}$$

假如你或別人也來做這件事，不只寫一百年而是一百五十億年（約為目前估計的宇宙年齡），會寫出 10^{18} 個 0，數字本身會是

$$10^{10^{18}} = 10^{（1\,後面有\,18\,個\,0）}$$

這絕對是想像不到的大數字。本書後面會看到，第二定律處理的事件很稀有，它們可能在 $10^{10^{23}}$ 次的實驗中才「發生」一次，[29] 這些數字遠大於你坐下來寫上一百五十億年所能寫出的。

這些是從分子觀點討論熱力學第二定律時，所會遇到的數字，

這是所有了解第二定律所需的數學。假如你想要了解某些較詳盡的，熟悉下述三種表示方式會有所幫助。

1. 絕對值：數字的絕對值寫成 $|x|$，簡言之，不管 x 是什麼，$|x|$ 是 x 的正值。換言之，當 x 為正數時，沒有變化，當 x 是負數時，會除掉負號。於是 $|5|=5$，$|-5| = 5$，很簡單。

2. 數字的對數函數：[30] 這極端有用的數學符號，讓我們很容易寫出很大的數字。若 x 是 10^y，x 的對數就是 y，寫成 $\log_{10}x$。

範例：

1000 是 10 的幾次方？

答案是 3，因為 $10^3=1000$。寫成 $\log_{10}1000=3$，10000 的對數是多少？ $10000=10^4$，所以 $\log_{10}10000=4$。

簡單來說，對數的答案就是 10 自乘的次數，雖然我們不需要算出任意數目的對數，但是很明顯，1975 的對數人於 3 小於 4。$\log_{10}$ 是以 10 為基底的對數，同樣的，x 是 2^y，$\log_2x$ 就是 y，例如 $\log_2 16=4$，因為 $2^4=16$，16 是 2 自乘 4 次。我們可以對任何正數 x 定義 $\log_2x$，但為了簡化起見，我們只在 $\log_2x$ 是整數時才用這個符號。在資訊理論中，我們要找到藏在 N 個相同可能盒子中的銅板，所需要的資訊數量是 $\log_2N$。

3. 階層：數學家用非常有用的簡寫符號 Σ 表示總和，Π 表示乘積。我們不需要這樣，而用一個非常有用的乘積符號 N!，這是把 1 到 N 之間所有的數字都乘起來，當 N=5，

$$N!=1\times2\times3\times4\times5,當 N=100,N! 則為 1\times2\times3\times\cdots\times100。$$

這些就是我們所要用到的全部數學了。

物理呢？如同數學一樣，理解第二定律不需要懂任何物理或化學，但是你應該懂一個事實。費曼曾說過樣一段話：

> 「假設地球發生大災難，把所有的科學知識悉數摧毀，只剩下一句話可以傳遞給子孫。什麼樣的句子能以最少的字，包含最多知識？我相信是原子假說（或原子論述，或任何你想用來稱呼它的名稱。『一切東西都由原子構成——原子是很小很小的粒子，永遠不停的動來動去，個別原子之間，若稍有一點距離，會互相吸引，但一受外力擠壓，就會互相排斥』。」

事實是，所有的物質都由原子（及分子）組成，雖然今天這個事實已是理所當然，但並非一直都這樣。物質的原子結構根源可回溯到兩千多年前的古希臘哲學，當時它不屬於物理，而是哲學的臆測，幾乎有兩千多年，都無法有實證證明原子存在。即使在十九世紀末，這個假說還是受到激烈的辯論。當熱力學第二定律提出時，物質的原子論還未成形；波茲曼是提出物質的原子結構的先驅者之一，我們知道，他開啟了用原子理解熱力學第二定律的大門。他得面對有力的反對者，這些人聲稱原子的存在只是假說，物質的原子結構說是一種臆測，因此不屬於物理。今日，物質的原子論已是廣為接受的事實。

第二個你應知道的事實更微妙些，就是：原子是無法分辨的。我們將花相當多時間玩骰子或銅板遊戲。而我們在圖 2.10 看到兩個

圖 2.10

銅板，在顏色、大小、形狀等等方面，都不相同。

　　日常生活中「相同一致」和「無法分辨」是同義字，圖 2.11 中兩個銅板的形狀、大小、顏色及在任何你想到的方面都相同。

　　當兩個銅板移動時，我們用眼睛盯著它們，若在任何時間都可以分辨出它們來自何處時，我們會說它們彼此是可分辨的。

　　假設你把圖 2.11 左邊的兩個銅板互換，而得到圖右的配置，假如兩個銅板是相同的，你會分不出左右配置的差異；但是假如你盯著銅板互換的過程，你就會知道哪一個銅板從哪兒來。原則上，我們不可能分辨出相同一致的分子粒子，在這種情況下我們使用不可分辨而非相同一致這個名詞。

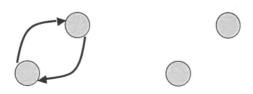

圖 2.11

考慮一個含有兩個空間的系統（圖 2.12），開始時以隔板分開的兩個空間各有 5 個銅板，銅板在各方面都相同。現在我們移除隔板，並搖動整個系統，過了一會兒出現了如圖右的新配置。

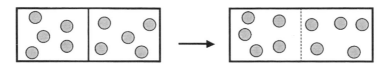

圖 2.12

假如我們能追蹤所有粒子（這兒是銅板）的運動軌跡，在任何時間都可以分出銅板來自於哪一個空間，那麼即使銅板相同一致，我們仍說它們是可分辨的；上述實驗中拿掉隔板後，分不出個別銅板來自何處，我們因此說粒子不可分辨。對古典力學來說，無法跟蹤粒子的運動軌跡，是陌生的事實；在古典力學裡，總以為任何尺寸的粒子都「貼了標籤」，或至少在理論上是「可以標籤」的。牛頓的運動方程式預測系統中每一特定粒子的運動軌跡，原則上這在量子力學裡是不可能的。[31]

第三章與第四章有很多的例子，使用可分辨的骰子，卻故意忽略它們可分辨的特性。這個「不標籤」粒子的過程，對了解熱力學第二定律是重要而不可或缺的。

在化學方面，只要了解物質是由原子及分子組成即可；但是假如你想了解第七章最末部分的例子（有趣但並非必要），你得知道有些分子具有非對稱中心，這些分子成對出現，分別稱為左旋 l 及右旋 d；[32] 它們幾乎完全相同，其中一個是另一個的鏡像（這種分子稱為鏡像異構物）。所有胺基酸（胺基酸組成蛋白質，蛋白質再組成肌肉及身體中很多其他的組織），都是這些成對分子的其中一

種型式，圖 2.13 是一種胺基酸——丙胺酸。

　　自然界的胺基酸大部分是 l 型；l 與 d 由光學活性來區分。你唯一需要知道的是，這些成對的分子在分子參數上，如質量、轉動慣量、偶極矩等，幾乎都一樣。同類的分子，如 l 型的分子，彼此之間是無從分辨的，但是 l 型和 d 型是可分辨的，以原理上來說，也是可分離的。

　　在這個階段，我們討論了理解這本書的所有「必修課」，事實上，唯一需要跟得上這一章的必修課是一般的常識。用下面兩個小考來測驗一下自己吧。

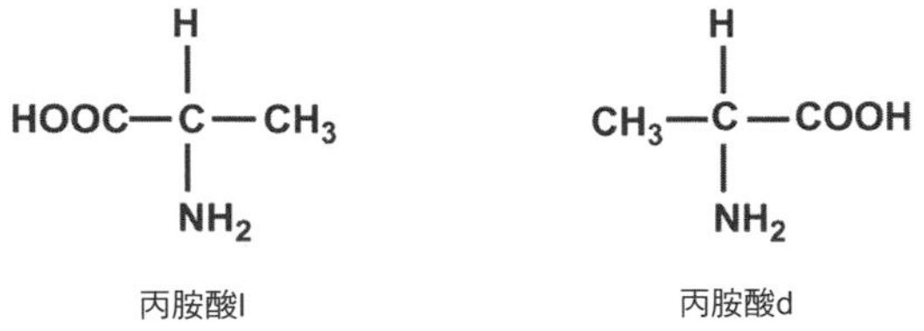

$$HOOC-C-CH_3 \qquad CH_3-C-COOH$$

丙胺酸l　　　　　　　　丙胺酸d

圖 2.13

2.7 大樂透

　　大樂透發出一百萬張獎券，每一張獎券賣 10 美元，經銷商全部賣出，得到 10,000,000 美元毛利。有一數字贏得 1,000,000 美元，有 999,000 個數字贏得的獎項是美金一元或其他等值但不同貨幣的獎金，也有 999 個數字，各得 10 美元價值但不同貨幣的獎金，所以經銷商全部得發出 2,008,990 美元的獎金，獲利不錯，約 8,000,000 美

元。注意所有 1 美元或 10 美元的獎金是不同的貨幣和可分辨的,換言之,兩個人得到價值 1 元的獎金,但不同的貨幣,即同等價值的不同獎項。

用是或否回答下面前三個問題。

我只買一張獎券,並且

1. 我告訴你,我贏了 1,000,000 美元,你相信嗎?

2. 我告訴你,我贏了相當於一美元的印度盧比,如同前一天預期的,你相信嗎?

3. 我告訴你,我贏了相當於十美元的人民幣,如同前一天預期的,相信嗎?

估計下述的機率是多少?

4. 贏得 1,000,000 美元的機率是多少?

5. 贏得一美元等值印度盧比的機率是多少?

6. 贏得十美元等值人民幣的機率是多少?

7. 贏得一美元價值獎金的機率是多少?

8. 贏得十美元價值獎金的機率是多少?

9. 回答完第 4 題至第 8 題後,你想要改變第 1 題至第 3 題的答案嗎?

答案請見本章第 2.10.2 小節。

2.8 有序與無序

請看這本書第三頁的兩個圖，我稱它們為有序與無序，分別用 B 及 A 來表示。[33] 現在你知道一些機率的基本觀念，試著回答下面的問題。假設每一個圖是由 200 個骰子組成的。

1. 我告訴你，我在桌面上各擲了 200 個骰子 2 次，剛好得到圖 A 及 B，你相信嗎？
2. 我告訴你，我做成了圖 A，然後搖動桌子幾秒鐘，得到了 B，你相信嗎？
3. 我告訴你，我做成了圖 B，然後搖動桌子幾秒鐘，得到了 A，你相信嗎？

要回答上面的問題，你只需要對事件 A 及 B 的可能性做定性評估，也讓我們看看，你是否能對機率做定量評估。假設我告訴你，桌面分割為 1000 個小方塊，每個小方塊只可以擺一個骰子，骰子的方位不重要，只有朝上的面向是重要的。組態是每一顆骰子面向及位置（在某一個小方塊）的精準資訊，一共有 200 顆骰子（不要去算圖中的骰子及小方塊，它們不是 200 及 1000），每一顆骰子朝上的面向可能是 1、2、3、4、5、6 這六個數字之一，它們可以放在 1000 個小方塊中的任何一個位置（但一個小方塊最多只能放一個骰子，而且方位不重要）。

現在估算下述事件的機率：

4. **完全正確**得到組態 A 的機率。
5. **完全正確**得到組態 B 的機率。

6. 得到正確組態 A，但不管骰子上面的點數，機率是多少？

7. 得到正確組態 B，但不管骰子上面的點數，機率是多少？

　　在練習了這些（小小的）機率問題後，假設你都有了正確的答案，試著回答下面兩個問題，它們是最容易的。

8. 我再次丟擲同樣的 200 個骰子兩次，得到完全一樣的組態 A 及 B，你相信嗎？

　　現在仔細檢視組態 A，你看到任何可辨識的圖案或文字了嗎？只檢視那些得到一點的骰子，你認出了任何圖案嗎？假如看不出來，請看這本書第 222 頁相同的圖〔你應該了解為何我選擇 A 代表 Arieh（譯注：Arieh 是作者的名字），B 代表波茲曼〕。現在，最後的問題：

9. 你想要改變上面 8 個問題的答案嗎？

　　答案見本章第 2.10.3 節。

2.9 挑戰題

　　下面是一個有重要歷史價值的問題，它的答案不僅使機率的觀念具體成形，也把賭場沙龍輸贏機率的推論，轉化為數學家心中的論據。

　　這個問題與解答都與理解第二定律無關，告訴你這個故事的目

的有三個層面。第一，讓你品味一下這類在機率理論誕生時就遇到的問題；第二，讓你嚐一下計算機率時會遇到的困難，即使是解看似簡單的問題，也可能遇到困難；最後，如果喜歡「逗弄」問題，你可以享受到數學家在解看似困難棘手的問題時，如何提出讓人驚豔的簡單答案，那種美妙滋味。

　　下面的問題是巴斯卡在 1654 年受友人密爾請託，而為解答。[34]

假設兩個玩家各放 10 塊錢在桌上，每一個人選了 1 到 6 之間的一個數字，假設丹選了 4 而琳達選了 6，遊戲的規則很簡單，他們擲一顆骰子並記錄一系列的結果，每一次「4」出現時，丹得到一分，「6」出現時，琳達得到一分。得到三分的玩家贏得全部的 20 元。例如，可能的數列是：

$$1, 4, 5, 6, 3, 2, 4, 6, 3, 4$$

一旦數字 4 出現三次，丹就贏得全部的 20 元。

　　現在，假設遊戲開始，在某一時間點得到的結果是：

$$1, 3, 4, 5, 2, 6, 2, 5, 1, 1, 5, 6, 2, 1, 5$$

此時發生緊急狀況，遊戲必須停止！問題是，兩個玩家怎麼分享這 20 元。

　　假如遊戲規則明訂半途停止如何分錢，就沒有問題，但在沒有規定時，就不清楚怎麼辦了。

　　很明顯，我們覺得丹「得到」一分，琳達「得到」兩分，琳達應該得到較多的錢，可是多多少呢？問題是這樣的結果，最公平的分錢方式是什麼？但是，所謂最公平分錢的意思是什麼？琳達的點

數是兩倍，應該分得丹的兩倍嗎？或者，因為不知道贏家是誰，所以就把錢平分了？或讓琳達拿到全部的錢，因為她比較「接近」贏。

巴斯卡和費瑪這兩位數學家，就此問題通訊了幾年，信中的這些有發展性的思考，引導了機率理論的成長。在十七世紀，機率的觀念還要走漫長的一段路，才能成型；其中的困難不僅是在找到數學解答，闡明問題遇到的困難亦不遑多讓，在這裡就是：找到公平分錢的方法是什麼意思？

最後的問題，答案如下：

由於在遊戲喊卡時，沒有特定的分錢規則，「最公平」的方式是假設遊戲繼續的話，依兩人贏得遊戲的機率比來分錢。

用機率來說明問題，克服了其中一個障礙，現在有了一個輪廓分明的問題。但是怎麼計算每個玩家贏的機率？

我們覺得琳達比較可能贏，因為她比較「接近」得到三分。很容易算出在下一次擲骰子時，丹贏的機率是零，琳達贏的機率是1/6，而沒有人贏的機率是 5/6。

我們可以計算在丟了兩次、三次或數次骰子時贏的機率，這變得很複雜，而且原則上我們得加總一個無限數列，所以用這種數學方式解決問題並不容易。試著計算下兩次、下三次丟擲骰子時，各自玩家贏的機率，看看會是多麼雜亂無章啊！假如你喜歡數學，你會喜歡在本章最後 2.10.4 節中，簡單的用一元一次方程式解出答案的方式。

2.10 問題解答

2.10.1「旋轉輪盤」的答案

所有這些問題中，我選擇的序列 A 是固定的：{1, 2, 3, 4, 5, 6}；它有 1/2 的機率贏。假如你選擇分離事件為 {7, 8, 9, 10, 11, 12}，則條件機率為

$$Pr\{B/A\}=Pr\{7, 8, 9, 10, 11, 12/A\}=0$$

這是因為已知 A 的發生，排除了 B 的發生。在有重疊序列的第一個例子中，我們得到下列機率（見圖 2.14）：

$$Pr\{B/A\}=Pr\{6, 7, 8, 9, 10, 11/A\}=1/6 < 1/2$$

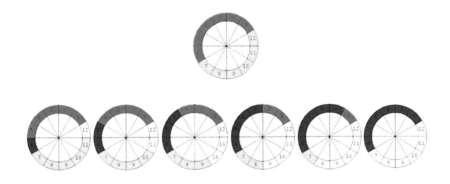

圖 2.14

在此，假設 A 發生，那麼你只有球停在「6」時，才有贏的機會；因此條件機率是 1/6，小於 Pr{B}=1/2，即是負相關。

同樣的，B 等於 {5, 6, 7, 8, 9, 10} 時，我們得到

$$Pr\{B/A\}=Pr\{5, 6, 7, 8, 9, 10/A\}=2/6 < 1/2$$

此處，「假設 A 發生」，你只有在球停在「5」或「6」時才會贏；因此條件機率是 2/6，依然小於 Pr{B}=1/2。

在第三個案例中，B={4, 5, 6, 7, 8, 9}，於是

$$Pr\{B/A\}=Pr\{4, 5, 6, 7, 8, 9/A\}=3/6=1/2$$

這兒的條件機率是 1/2，與「非條件」機率 Pr{B}=1/2 相同，意思是此二事件是獨立的，或不相關的。

最後三個例子：

$$Pr\{B/A\}=Pr\{3, 4, 5, 6, 7, 8/A\}=4/6 > 1/2$$
$$Pr\{B/A\}=Pr\{2, 3, 4, 5, 6, 7/A\}=5/6 > 1/2$$
$$Pr\{B/A\}=Pr\{1, 2, 3, 4, 5, 6/A\}=6/6=1 > 1/2$$

最後的例子中，假如 A 發生就確定了 B 發生。在這些例子中，我們看到了重複事件可能正相關、負相關或不相關。

2.10.2「大樂透」的答案

1. 雖然是可能的，但你可能不會相信。
2. 雖然機率如同贏得 1,000,000 元獎金一樣低，但你可能會相信。
3. 雖然機率如同贏得 1,000,000 元獎金一樣低，但你可能會相信。
4. 機率是百萬分之一（10^{-6}）。

5. 機率是百萬分之一（10^{-6}）。

6. 機率是百萬分之一（10^{-6}）。

7. 機率是 999000/1000000，約等於 1。

8. 機率是 999/1000000，約等於千分之 1。

9. 假如第 1 題的答案是**否**，也是挺正確的，機會真的非常低；假如第 2、3 題的答案是**是**，你可能錯了，機會如同贏得 1,000,000 獎金一樣低。

假如對於問題 2 及問題 3，你的答案是**是**，你可能混淆了**特定**事件「贏得一元等值**特定**貨幣」與**表象**事件 [35]「贏得一元等值的**任何**貨幣」。第一個是非常不可能的事件，而第二個是幾乎確定的事件。

2.10.3「有序與無序」的答案

1. 你應該會相信是 A 而非 B，但請看下文。

2. 你應該不會相信。

3. 假如你認為 A 是隨意得到的組態，你可能會相信。但是假如你認為 A 是**特定**組態，你就不會相信。

4. 一個骰子呈現特定面向**及**在特定位置的機率是 1/6 乘以 1/1000，所有 200 個骰子在特定位置呈現特定面向的機率是 $(\frac{1}{6})^{200} \times \frac{1}{1000 \times 999 \times 998 \times \cdots \times 801}$，（注意骰子間是可分辨的，且一個盒子中最多只有一個骰子），這個機率非常的小。

5. 答案同問題 4。

6. 機率是 $1/1000 \times 999 \times 998 \times \cdots \times 801$，還是非常小。

7. 機率同問題 6，仍然很小。

8. 你可能不相信。假如 A 是隨機的組態，你可能很想相信我會

得到 A，但問題是，A 是**完全精確**的組態。

9. 確定任何時候問題應用於**特定**組態如 A 或 B 時，機率是極端微小的；但是假如你認為 A 是隨機組態時，給它較大的機率可能是對的，原因是「看起來」和 A（隨機組態）一樣的組態有很多，因此機率很大。但是知道 A 是「Arieh」時，就不會是隨機組態了。

2.10.4「挑戰題」的答案

答案是這樣的，X 代表琳達贏的機率，現在，在下一次擲骰子時，有三個互相排斥的可能性：

I：得到 {6} 的機率是 1/6

II：得到 {4} 的機率是 1/6

III：得到 {1, 2, 3, 5} 的機率是 4/6

讓 LW 代表「琳達贏」的事件，下述方程式成立：

X=Pr（LW）=Pr（I）Pr（LW/I）+P（II）Pr（LW/II）
+Pr（III）Pr（LW/III）=1/6×1+1/6×1/2+4/6×X

這是一元一次方程式 6X=3/2+4X，答案是 X=3/4。

　　注意，事件 I、II 和 III 代表**下一次**擲骰子可能的結果，「LW」代表「**琳達贏**」的事件。上面方程式的意思是，琳達贏的機率是三個互相排斥事件的機率總和；假如事件 I 發生，她贏的機率是 1，假如事件 II 發生，她贏的機率是 1/2，假如事件 III 發生，她贏的機率是 X，如同遊戲喊卡時的機率。

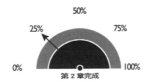

第 2 章完成

第 $\boxed{3}$ 章

我們先來玩真的骰子吧

3.1 一個骰子

讓我們從非常無聊的遊戲開始。你選 1 到 6 中間的一個數字，比如說是「4」，我選了不同的數目「3」，我們丟擲骰子，骰子第一次出現 4 或 3 時，兩人中有一人贏。這個遊戲不需要用腦，也沒有特別偏好的結果；每一種結果都可能出現，我們倆有相同的機會輸贏。假如重複這個遊戲很多次，平均來說我們可能平手，不贏也不輸（當然，這要假設骰子是勻稱的）。我怎麼知道呢？因為我們接受每一個數目出現的機率是 1/6 的事實，並且從經驗上來說，也相信無人能打敗機率定律。

然而並不都是這樣的。較早年代的人相信，具有神力的人能預測擲骰子的結果，或者當有神力存在，依祂的意志決定結果，如果能直接或通過靈媒與「祂」聯繫，就能知道該選什麼數目。[1] 今天

我們玩骰子時，假設有 6 個且只有 6 個可能的結果（圖 3.1），每一個結果出現的機率都是 1/6，如下表所見。

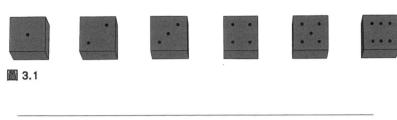

圖 3.1

結果	1 點	2 點	3 點	4 點	5 點	6 點
機率	1/6	1/6	1/6	1/6	1/6	1/6

3.2 兩個骰子

來玩兩個骰子的遊戲，這個遊戲較複雜，要擲兩個骰子。玩法與之前不同。可以選一個特定的結果，例如：「白色的骰子 6 點，藍色的骰子 1 點」。一共有如下 36 種可能的特定結果：

1.1,	1.2,	1.3,	1.4,	1.5,	1.6
2.1,	2.2,	2.3,	2.4,	2.5,	2.6
3.1,	3.2,	3.3,	3.4,	3.5,	3.6
4.1,	4.2,	4.3,	4.4,	4.5,	4.6
5.1,	5.2,	5.3,	5.4,	5.5,	5.6
6.1,	6.2,	6.3,	6.4,	6.5,	6.6

顯然這些結果都有一樣的可能性。我怎麼知道？假設骰子是均勻的，擲骰子的結果是獨立的（一個骰子的結果不影響另一個骰

子），則答案來自簡單的常識。另一種答案：單一骰子擲出的任何一個點數，機率是 1/6，一對骰子擲出特定結果的機率，是個別機率的乘積，1/6 乘以 1/6 等於 1/36。這個論點的規則是「兩個獨立事件的機率」等於「個別事件機率的乘積」。這個規則也只是基於一般的常識！

跟玩一個骰子一樣，這個遊戲也沉悶無趣，不需要怎麼思考。

玩個要稍微多用點心的遊戲。先不管骰子個別的點數或顏色，來玩玩兩個骰子的點數和吧。所有可能的結果是：

2, 3, 4, 5, 6, 7, 8, 9, 10, 11, 12

這裡一共有 11 個可能的結果，我們將稱這些結果為表象事件，下面會說明這樣稱呼的理由。[2] 假如得挑選一個結果，你會選哪一個？與前兩個遊戲相反，這個遊戲你得花腦筋想一下，但一定是你能力所能及的。

很明顯，上面列出的結果並非基本事件，也就是說它們出現的可能性不全然一樣。如同從圖 3.2a 所見，或自己算一下，每一事件包括一個或數個基本事件，這個遊戲的基本事件和前一個遊戲相同，即每一特定結果的機率是 1/36。在計算有特定點數和的複合事件的機率以前，注意在圖 3.2a 中，有相同點數和的事件，沿每個正方型的左上右下對角線分布。

把圖 3.2a 依順時鐘方向旋轉 45°，得到 90 頁的圖 3.2b。你一旦能數出複合事件中含有特定（或基本）事件的數目，就可以計算出這些事件的機率；為方便計數，我們「壓縮」已旋轉的圖 3.2b 得到 91 頁的圖 3.2c（每一對以逆時針方向轉，然後把點數和相同的配對組成同一組）。

圖 3.2a

表象事件	2	3	4	5	6	7	8	9	10	11	12
重複數	1	2	3	4	5	6	5	4	3	2	1
機率	1/36	2/36	3/36	4/36	5/36	6/36	5/36	4/36	3/36	2/36	1/36

　　複合事件的機率列於上表，「重複數」是指表象事件包含的特定事件數。

　　怎麼知道這是對的機率？答案依然只是單純的常識。你得說服自己，假使你很鐵齒，那就把這個遊戲好好的玩上幾百萬次，並記錄各個結果的頻率。但是，我勸你不要這樣做，就相信由你的常識所得來的這些機率吧。你也可以做一百萬次心智實驗，來得出每一個別總合出現的次數。一旦相信了，請檢查，所有事件機率的加

總，理所當然是應該是 1。

有了兩個骰子的遊戲為基礎，我們繼續進行這個遊戲，要挑選哪一個數目？顯然你不會選 2 或 12，為什麼？因為這兩個事件只含一個特定（或基本）事件。仔細看旋轉後的圖（圖 3.2b、圖 3.2c），你會看到最有機會贏的數字是 7。

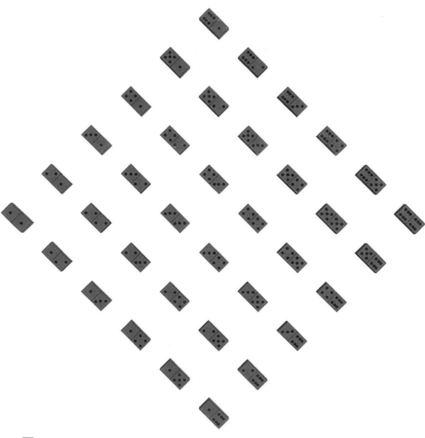

圖 3.2b

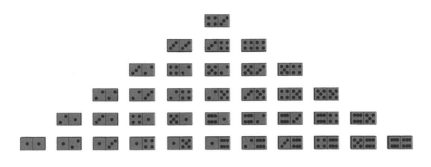

圖 3.2c

　　7 這個數字沒有什麼魔法，在這個特別遊戲裡，點數和 7 含有最多數的特定結果，因此它是最可能贏的數字。當然，假如我們只玩這個遊戲 1 次，你可能選擇 2，也贏了；但是假如你選 2，我選 7，而且我們玩很多次，那麼大部分的時候我會贏，由圖 3.2c 可以知道，相對的贏率是 6：1。在圖 3.3 中，我們畫出玩一個或兩個骰子的遊戲時，不同點數和的基本事件的數目（或特定組態的數目）。

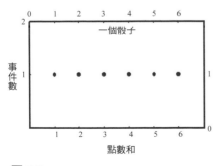
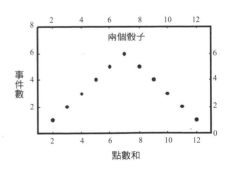

圖 3.3

　　一旦適應了這個遊戲，你可以進行下一個遊戲，它稍微難一點，但是會把你放在理解熱力學第二定律的正確軌道上。

3.3 三個骰子

　　這個遊戲和前面的遊戲在本質上一樣，只是稍微困難些，需要更多的計數。我們用三個骰子來玩，並以點數和論輸贏，只管點數和，不管每個骰子的點數及顏色；基本上除了計算更花時間，這遊戲沒什麼新鮮，就是機率理論衍生來的遊戲。要選哪個數字呢？在機率理論成立以前，這個問題得由數學家來說明（見第二章）。

　　所有可能的點數和列舉如下：

$$3, 4, 5, 6, 7, 8, 9, 10, 11, 12, 13, 14, 15, 16, 17, 18$$

　　總共會有 16 種不同的結果。如果要列出所有可能的特定結果，如 {藍色骰子 1，紅色骰子 4，白色骰子 3}，得要很大的空間，總共有 6^3=216 個可能的特定結果。顯然你不想下注 3 或 18，也不想賭 4 或 17。為什麼？理由完全如同之前的遊戲，你不想選最小或最大的數字，但哪個是最好的數目？要回答這個問題，得算出上述每一個點數和可能包含的特定（基本）結果的數目。這得花些力氣，可是沒有用到什麼新原理，所要的只是一般的觀念並且樂意去算，今日我們很幸運可以用電腦來計算。結果列在下表，表中第二列，列出每一個別點數和的可能數，機率是第二列的數字除以 216。

點數和	3	4	5	6	7	8	9	10	11	12	13	14	15	16	17	18
倍數	1	3	6	10	15	21	25	27	27	25	21	15	10	6	3	1
機率	$\frac{1}{216}$	$\frac{3}{216}$	$\frac{6}{216}$	$\frac{10}{216}$	$\frac{15}{216}$	$\frac{21}{216}$	$\frac{25}{216}$	$\frac{27}{216}$	$\frac{27}{216}$	$\frac{25}{216}$	$\frac{21}{216}$	$\frac{15}{216}$	$\frac{10}{216}$	$\frac{6}{216}$	$\frac{3}{216}$	$\frac{1}{216}$

於是，因為以一個骰子來說，點數的分布是均一的；而兩個骰子則是在點數和 7 時，出現最大值（圖 3.3）；三個骰子時，有兩個最大的機率，分別是點數和 10 和 11，機率都是 27/216。因此假如你想贏，就選 10 或 11。圖 3.4 畫出擲三個骰子時，各個可能的點數和，對應的基本事件數，把「事件數」除以「總特定事件數」（6^3 = 216）就得到對應的機率，如圖 3.4。

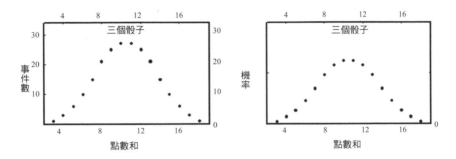

圖 3.4

你應該已能確認這些數字。這不需要高深的數學，也不需要機率的知識，需要的只是簡單的計數及常識。運用計數與常識，又了解為什麼最大機率出現在 10 或 11，那麼，在了解熱力學第二定律的道路上你幾乎已經走到半途了。

我們繼續討論幾個相似，但骰子數更多的遊戲。

3.4 四個骰子，以及更多的骰子

四個骰子的遊戲和前面一樣，必須從 4 到 24 之中選擇一個數目。同時丟擲四個骰子，只看骰子的點數和，跟個別骰子或顏色無關，也與個別骰子上的特定點數無關。

這裡會出現 $6^4=1296$ 種可能的特定結果，因此列出所有的結果並不太實際。每一個特定結果出現的機率是 1/1296，這個案例的計數太花力氣，而且其中也沒有新的原理。圖 3.5 顯示出機率（即「特定點數的次數」除以「所有投擲結果的次數」）對點數和的函數。四個骰子的可能點數和從最小的 4，到最大的 24，五個骰子的範圍是從 5 到 30，六個骰子的範圍則從 6 到 36，7 個骰子是從 7 到 42。

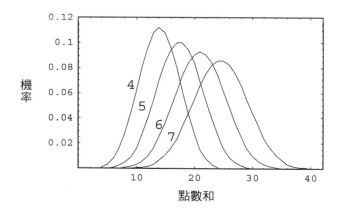

圖 3.5

把圖 3.5 改為機率對「減縮」點數和作圖，得到圖 3.6，減縮點數和是「單次投擲點數和」除以「最大點數和」，因此圖 3.5 中從 0 到 N 的不同範圍都「壓縮」成同樣的範圍——從 0 到 1，壓縮改變

了每一曲線下的面積。在圖 3.5 中，每一曲線下的面積是 1，而在圖 3.6 減為 1/N。請注意在圖 3.5 中，當 N 增加時，機率的分布變大，相反的，在圖 3.6 中，機率分布隨 N 增加而減小，N 愈大曲線愈尖銳；意思是說，假如對於「與最大值（在 N/2）的絕對偏差」有興趣，我們要看圖 3.5，如果只對「與最大值（在 1/2）的相對偏差」有興趣，則應檢視圖 3.6。當 N 非常大時，圖 3.6 的曲線變得非常尖銳，即與最大值的相對偏差變得小到可以忽略。

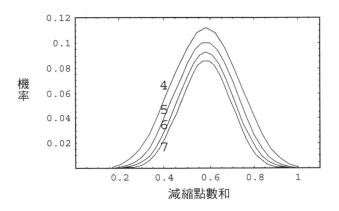

圖 3.6

也請注意在每一案例中，會有一、兩個點數和，機率是最大值。觀察分布的形狀，會發現它就像鈴鐺，這樣的分布也就是常態分布或高斯分布；這是在機率理論及統計學中重要的分布形狀，但我們在此不關心這些。你也將注意到，當骰子數增加時，圖 3.6 的曲線變窄了，最大機率變小了；最大值的下降如同圖 3.5，但曲線的「伸展」不同；我們在下一章將進一步討論機率的重要論點。在次頁的圖 3.7 及圖 3.8 中，我們展示出和圖 3.5 及 3.6 相似的曲線，但是 N 值較大。

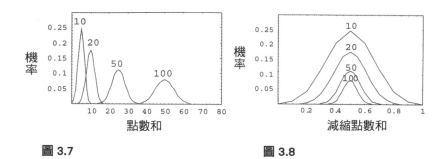

圖 3.7　　　　　　　　　　　圖 3.8

　　在進行至下一步以前，先停下來思考一下目前為止所看到的；你應該問自己兩個問題：第一，在每一個案例中，贏的數目是什麼？第二個問題比較重要，為什麼會有一個贏的數目？不要擔心精確的計數，只要確定每一個遊戲都有一個或兩個點數和，有最大的機率。就是說，假如玩這個遊戲很多次，這些特定點數和出現的頻率，較其他個別的點數和大；因此假如你真要玩這個遊戲，最好選擇這些會贏的數字。

　　假如有興趣玩這個遊戲，第一個問題很重要甚至很關鍵，然而假如要了解熱力學第二定律，並且跟得上後續篇章中的論點，你應該思考這個問題：為什麼會有一個贏的數目？我們來看三個骰子的案例，想想存在這樣一個贏的數目的理由。從點數和 =3 開始，我們只有一個特定結果，就是：

　　　　藍骰子 =1，紅骰子 =1，白骰子 =1　　　　　點數和 =3

　　你想像得到，這個特定結果是不常見的。同樣的，點數和等於 18 的事件，也只有一個特定的結果如下：

　　　　藍骰子 =6，紅骰子 =6，白骰子 =6　　　　　點數和 =18

對於點數和等於 4，有三個特定結果，就是：

藍骰子 =1，紅骰子 =1，白骰子 =2　　　　點數和 =4
藍骰子 =1，紅骰子 =2，白骰子 =1　　　　點數和 =4
藍骰子 =2，紅骰子 =1，白骰子 =1　　　　點數和 =4

　　我們把上述的每一種可能性，稱為一個特定組態。點數和 =4 可以分配成三個數目 1:1:2，假如我們不在乎哪一個骰子是 1 或 2，不想分辨上面三種組態的不同，只對點數和 4 有興趣，不介意各個特定組態，就使用表象組態或表象事件來表示。

　　下一步，看看點數和 =5，這裡有 6 種特定可能性：

藍 =1，紅 =1，白 =3　　　　點數和 =5
藍 =1，紅 =3，白 =1　　　　點數和 =5
藍 =3，紅 =1，白 =1　　　　點數和 =5
藍 =1，紅 =2，白 =2　　　　點數和 =5
藍 =2，紅 =2，白 =1　　　　點數和 =5
藍 =2，紅 =1，白 =2　　　　點數和 =5

　　這裡會有多種結果，是基於兩個理由；第一，有不同的分配方式（1:1:3 和 2:2:1），而且每一種分配有三種不同顏色的組合，即每一種分配的權重是 3，我們有 6 種特定組態，但只有一種表象組態或表象事件。

　　表象事件及特定事件的名詞，對了解第二定律是重要的；我們看到每一特定事件有相同的機率，在兩個骰子的遊戲裡，特定事件是一個特定名單，列出個別骰子貢獻至點數和的數字；在三個骰子

時，不管骰子的顏色及個別骰子對點數和的特定貢獻，我們發現點數和 =3，有一個僅包含一個特定事件的表象事件；點數和 =4，有一個表象事件，它由三個特定事件組成；點數和 =5，有一個表象事，它由六個特定事件組成；如此等等。

下一章將玩一個改裝的骰子遊戲，讓我們更接近第七章的真實實驗。我們要玩一個更原始的骰子，骰子的 3 面是「0」，另外三面是「1」；這個簡化骰子的遊戲有兩層次的簡化。第一，每一個骰子只有兩個結果（0 或 1）；第二，每一個點數和只有一種分配方式；表象事件點數和 =n 時，所含有的特定事件數，也是 n，即為骰子是「1」的數目。

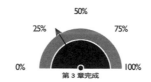

50%

25%　　　　75%

0%　　　　　　100%

第 3 章完成

第 **4** 章

玩簡化的骰子，
並初窺第二定律

　　這章的新遊戲比前面的遊戲簡單。骰子有三個面是「0」，另三個面是「1」，或者銅板的一面是「0」，另一面是「1」。因為我們一開始就在玩骰子，就繼續玩骰子吧，你喜歡的話也可以想成是銅板；重點是玩骰子或銅板的「實驗」，所得的結果是「0」或「1」，機率都一樣是 1/2。這是第一個簡化，使結果只有 2 個而不是 6 個；第二個簡化來自於「0」或「1」的特定選擇，當我們加總 N 個骰子的點數，就只呈現點數「1」的骰子數目，擲出「0」的骰子不會算入。例如，當 N=10 時（圖 4.1），可能得到這樣特定的結果：1，0，1，1，0，1，0，1，0，0，點數和是 5，也是所有「1」的骰子數目（或所有骰子上的點數和）。

圖 4.1

我們比較想知道的是遊戲「進展」的情形，對如何贏不那麼有興趣；但是假如你比較喜歡玩賭博遊戲，規則如下：

玩 N 個只有「0」和「1」的公正骰子，我們總是從事先已決定的組態開始，即所有的骰子都是「0」點。[1]

組態指的是各個骰子「0」和「1」的詳細精確排序，即第一個骰子是「1」，第二個骰子是「0」，第 3 個骰子是「0」等等；我們稱初始組態為遊戲的第零步。

當 N=10，初始組態是：

0, 0, 0, 0, 0, 0, 0, 0, 0, 0

現在任選一個骰子來丟擲，然後放回它原來的位置；我們可以想成以機器掃描一組骰子，隨意挑選一個骰子，踢它一下，這個特定的骰子得到「0」或「1」的機率相等；或者我們也可以用電腦玩這個遊戲。[2]

依著這些簡單的規則，我們來追蹤組態的進展。同樣的，假如你比較喜歡玩遊戲，我們就來玩遊戲。你選擇 0 到 10 中間的一個數目，比方說你選 4，而我選 6，我們依照前面的規則，從全部都是零的組態開始，每一步驟都檢視點數和；假如點數和是 4，你贏一點，假如是 6，我贏一點。你要選哪個數目？不要急著去選 0，你會宣稱是因為知道初始的組態，所以確定第零步就會贏。完全正確，你在第零步贏了！但是假如我們要玩 100 萬步呢？

現在仔細且耐心的檢查在很多步以後，這個遊戲會進展成什麼樣子。即使只想知道贏的數字，你還是應該追蹤遊戲進展的情形，追蹤遊戲的進展對了解熱力學第二定律非常重要。所以一定要專心、機靈並集中精神來看發生了些什麼，為什麼這樣，至於它如何進行，我們已經設定了前述的「機制」。

要記得我們正在玩一個新遊戲，擲骰子只有「0」和「1」兩個結果，因此 N 個骰子的點數和可能從 0（所有骰子都是「0」）到 N（所有骰子都是「1」），而且各個點數和都只有一種數字分配，這和前面的遊戲比起來簡單多了。前面的遊戲必須計數不同數字分配的權重，這在 N 很大時非常複雜（見第二章及第三章），這裡只要關心一種數字分配的權重，例如當 N=4，點數和 =2 時，只有一種數字分配，就是兩個「0」及兩個「1」，如下所示：

$$0011 \quad 0101 \quad 0110 \quad 1001 \quad 1010 \quad 1100$$

點數和 =2 的表象事件，有 6 種特定組態，即 6 種「0」和「1」的排序。表象事件只在乎事件（或組態）中「1」的數目，而不管「1」在序列中的特定位置。對任何點數和 =n 的表象事件，「0」和「1」有不同的排序的方式，產生不同的特定組態或特定事件。

在進行新的遊戲前，請各位再去第三章看看圖 3.5 和圖 3.6（或圖 3.7 和圖 3.8）。在這些圖中，我們展示出機率對不同點數和的函數及機率對減縮點數和（即點數和除以最大點數和 N）的函數，注意這些曲線中的最大值在 N/2（減縮點數和在 1/2）處，N 愈大時，最大值愈小。

4.1 兩個骰子，N=2

和前面的例子一樣，玩一個骰子沒有意思，我們從兩個骰子開始。

記得從現在開始的遊戲，都由一個特定的初始組態開始（全部都是 0 的組態）；若你選點數和 =0，理由是你知道第零步的點數和

=0，保證在第零步會贏，那你確實是對的；我該選什麼？假設我選擇點數和 =2，即這個遊戲中的最大點數和。記得在前述兩個真實骰子的遊戲中，點數和最小 =2，最大 =12，機率是 1/36。這裡的遊戲規則不一樣，假如你選 0，我選 2，在第零步，你贏的機率是 1，我贏的機率是 0。那第一步會怎麼樣呢？假如隨意選一個骰子丟擲，得到 0，你贏了，機率是 1/2；那我呢？我選 2，第一步是無法得到 2 的，第一步驟有二個可能的點數和 0 或 1；因此我在第一步贏的機率也是 0，你在第零及第一步都贏我。

那下一步呢？很容易知道你在第二步贏的機會也大些；為了讓我贏，在第一步時，點數和得從 =0 變成 1，而且在第二步從 =1 變成 2。你在第二步有較多的方式得到點數和 =0；要得到點數和 =0，可以在第一步「不變仍然是 0」，在第二步也「不變仍然是 0」；或在第一步得到點數和 =1，在第二步得到點數和 =0。

圖 4.2 顯示出這個遊戲玩了兩輪的情形，[3] 每一輪都玩了 100步。很清楚的看出，在玩了很多步以後，「光顧」點數和 =0 和點數和 =2 的次數，約略相同；雖然我們從點數和 =0 開始，在經過很多步以後，遊戲失去了它開始的「記憶」，結果是你在遊戲中的表現稍好一些。

假如你選擇點數和 =0，我選擇點數和 =1，情況會是怎樣？這兒你在第零步是一定贏的，在下一步你有 1/2 機率贏，而我也有 1/2 的機率贏。但是當我們觀看遊戲的「進展」時，經過很多步後得到點數和 =0 的頻率遠低於點數和 =1；因此很明顯，雖然你在第零步保證贏，而在很多步以後，我會是贏家。

暫時離開遊戲一會兒，集中精神來看圖 4.2 中兩輪遊戲進展的情況。第一，注意我們總是從點數和 =0 開始，即組態 {0, 0}；在其中一輪遊戲中，我們看到第一步點數和停在 0，第二步點數和從 0

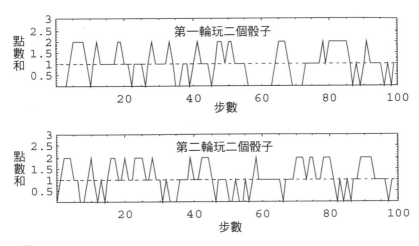

圖 4.2

增加為 1；一路玩下去，我們將有 25％的次數，點數和 =0，25％的次數，點數和 =2，50％的次數，點數和 =1。理由和前一章玩兩個骰子的遊戲一模一樣，有一個特定組態點數和 =0，有一個特定組態點數和 =2，但有兩個特定組態點數和 =1。總結如下表。

組態	{0,0}	{1,0} {0,1}	{1,1}
權重	1	2	1
機率	1/4	2/4	1/4

這很容易了解，也很容易由骰子（或銅板）實驗或在電腦上模擬遊戲來檢視。

在圖 4.2 中，可以看到並計數光顧各點數和的次數，你看，選擇點數和 =0 的些微優勢在一路玩下去時，逐漸消失了。

在進行到下面四個骰子的遊戲以前，請注意這個遊戲和下一個遊戲中，學到的東西似乎和第二定律無關。這兒介紹的主要是訓練我們以非數學的方式，分析遊戲的進展，讓我們有足夠的能力了解骰子數變多時，新現象如何發生及為何發生；這些新現象不但相關，並且也是熱力學第二定律的核心本質。

假如你在電腦上玩很多次這個遊戲，在某些場次可能會碰到一些「結構」，例如 10 個連續「0」的序列，或一系列的「0」及「1」輪流出現，或任何你所能想像的特定結構。每一種特定「結構」（即特定的數目序列）都是可能的，當你玩很多次時，有時它們就會出現。例如，看到點數和 =0 的機率，在 100 步中只有 $(1/2)^{100}$，或約 10^{30} 步中會出現一次。

4.2 四個骰子，N=4

進行到四個骰子的遊戲，我們會看到一些新的相貌。同樣的，從第零步都是「0」的組態開始，隨便挑一個骰子丟擲，再把這個有新「數目」的骰子放回原來的位置。圖 4.3 秀出兩輪遊戲的結果，每一次遊戲都重複上述步驟 100 次，把次數對點數和作圖，點數和的範圍從最小 0（全「0」）到最大 4（全「1」）。

假如你選擇點數和 =0，並從一而終（這是遊戲規則），我選擇 4，你會贏。理由和前面兩個骰子一樣，因為我們從點數和 =0 開始，遊戲對點數和 =0「偏心」些；假如我選擇點數和 =2，第零步我一定輸而你一定贏，在緊跟著的一些步驟中，你也會擁有一些優勢；但是在一步步玩下去後，開始的優勢將逐漸消失。你看，在 100 步內，我們平均造訪的次數如次頁：

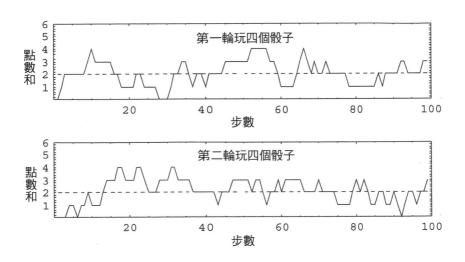

圖 4.3

步數

點數和 =0 有 1/16 的次數

點數和 =1 有 4/16 的次數

點數和 =2 有 6/16 的次數

點數和 =3 有 4/16 的次數

點數和 =4 有 1/16 的次數

　　這些平均數字是在遊戲玩很久後才得到的，而且可以精準計算出來；你看到的，長期玩下來，選擇點數和 =0 的微小優勢逐漸消失了。我們更仔細來檢視這兩輪遊戲（圖 4.3），並和兩個骰子的遊戲來比較。

　　這個遊戲明顯的特色是造訪最初組態（點數和 =0）的總次數，遠低於前一個遊戲，來看看系統所有可能的組態，如次頁表：

表象事件	特定事件			
點數和 =0		0, 0, 0, 0		
點數和 =1	1, 0, 0, 0	0, 1, 0, 0	0, 0, 1, 0	0, 0, 0, 1
點數和 =2	1, 1, 0, 0	1, 0, 1, 0	1, 0, 0, 1	0, 1, 1, 0
	0, 1, 0, 1	0, 0, 1, 1		
點數和 =3	1, 1, 1, 0	1, 1, 0, 1	1, 0, 1, 1	0, 1, 1, 1
點數和 =4		1, 1, 1, 1		

　　全部加起來，這裡有 16 種可能的特定組態。我們把它們分成 5 個群組，每一個群組僅以點數和作為分辨特徵，或相當以「1」的數目或點數來分別，而不管「1」出現的順序。於是我們從 16 個特定組態（即特定的「0」和「1」的順序位置）進展到 5 個表象組態（僅算計「1」的數目）。特定組態與表象組態的區分非常重要，[4] 表象組態總是包括一個或一個以上的特定組態。

　　這兩個遊戲以及本章中所有其他的遊戲，另有一項共有的特色，雖然開始時得到點數和 =0 較點數和 =4 稍微偏多些，但一直玩下去（或玩很久），平均看來，點數和會在點數和 =2 的虛線上下跳動，這個特色在 N 增加時會更為清楚。

　　在進行到下一個遊戲前，你應該真的來玩玩擲骰子遊戲，或在電腦上玩模擬遊戲，來「訓練」自己學會這個遊戲。你要只用常識就能了解，為什麼 N 增加時，得到最初狀態的次數減少，為什麼一直玩下去時，得到點數和 =2 的次數最多。

4.3 十個骰子，N=10

　　玩 10 個骰子會觀察到新東西，增加骰子數，會發現更人的重點。我們持續增加骰子數目，直到能識別類似第二定律的行為。

　　我們如同以前，從全部「0」的組態開始，即點數和 =0，亦即沒有「1」。圖 4.4 顯示出二場次遊戲的結果。

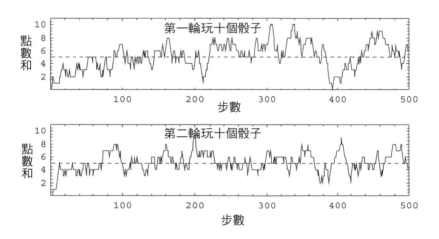

圖 4.4

　　在第一步，我們有相同的機率停留在點數和 =0 或移動至點數和 =1，機率都是 1/2。這一點在圖 4.4 的尺度上幾乎看不見，重要的事情發生在第二步、第三步或者直到第十步。如圖 4.4 所顯示的遊戲，在開始的步驟中，**整體趨勢向上**，為什麼？答案很簡單，在第一步以後有兩種組態，或者全部是「0」，或者 9 個「0」；現在隨意選一個骰子，比較可能選到「0」而非「1」的骰子，一旦選到了「0」的骰子，或往上移動或停留在同一位階，而不是往下移動；要

往下移動，需要選到「1」的骰子（機率相對偏低），且變成 0 的機率是 1/2；因此，第二步往下移動，成為稀有事件（當 N 增加時，會更罕見）。我力勸你仔細檢視上述的說法，並且說服自己，第二步往上移動的可能性遠大於往下；在進行至更多骰子遊戲時，在此階段應該要完全了解這種行為。建議你先做 10 個骰子的計算，再擴充至很多骰子的情況。理由是，10 個骰子的計算很簡單，而大量骰子的計算就讓人卻步了，所以不鼓勵你去分析所有可能的情況。

在此，很簡單的從全部是「0」的組態開始；第一步選擇「0」，機率是 1，然後或向上移動，機率 1/2，或停留原位（點數和 =0），機率 1/2；沒有往下移動的可能性。

第二步相似但複雜些，假如第一步在點數和 =0 的位階，與第一步完全一樣有兩個可能；但是，假如在第一步得到點數和 =1，我們有四種可能：

1. 隨意選到「1」的骰子，機率 1/10，且停留在原位階，機率 1/2。
2. 隨意選到「1」的骰子，機率 1/10，且往下移動，機率 1/2。
3. 隨意選到「0」的骰子，機率 9/10，且往上移動，機率 1/2。
4. 隨意選到「0」的骰子，機率 9/10，且停留在原位階，機率 1/2。

四種可能性的淨機率如下：

1. 停留在原位階（點數和 =1），機率是 1/10×1/2=1/20。
2. 往下移動（點數和 =0），機率是 1/10×1/2=1/20。
3. 往上移動（點數和 =2），機率是 9/10×1/2=9/20。

4. 停留在原位階（點數和 =1），機率是 9/10×1/2=9/20。

很顯然，停留在原位階（點數和 =1）或往上移動，機率較往下移動的高很多，圖4.4顯示的兩輪遊戲，結果反映出一般向上的趨勢。

我們可以對第三步做同樣的計算，雖然往上的趨勢較第二步弱一些，仍然大於往下。為什麼？因為往上移動，需要揀到點數「0」的骰子，機率最多是 8/10（假設這一步在點數和 =2 的位階），而向上的機率是 1/2；向上移動的機率仍然大於向下，但較第二步時的趨勢為弱。這種說法對於第四步、第五步及後續等等的步驟都是一樣的；於每一增加的步驟，往上爬的機率愈來愈不凸顯，直到點數和 =5 的位階。當到達點數和 =5 的位階時，再一次我們有四種可能性：

1. 選到「1」的骰子，機率 1/2，且停留在同一位階，機率 1/2。
2. 選到「1」的骰子，機率 1/2，且往下移動，機率 1/2。
3. 選到「0」的骰子，機率 1/2，且往上移動，機率 1/2。
4. 選到「0」的骰子，機率 1/2，且停留在同一位階，機率 1/2。

這四種可能性的淨機率是：

1. 停留在同一位階（點數和 =5），機率是 1/2×1/2=1/4。
2. 向下移動（點數和 =4），機率是 1/2×1/2=1/4。
3. 向上移動（點數和 =6），機率是 1/2×1/2=1/4。
4. 停留在同一位階（點數和 =5），機率是 1/2×1/2=1/4。

這兒有重要的發現，一旦到達點數和 =5 的位階，我們有 1/4

的機率向上，同樣有 1/4 的機率向下，但是有兩倍的機率，也就是有 1/2 的機會停留在點數和 =5 的原位階。

一旦首次到達點數和 =5 的位階，向上或向下移動的機會是對稱的；可以說，在這個階段，系統「遺忘」了它的初始組態。假如從任何低於位階點數和 =5 的組態開始，往上的傾向大於往下的傾向；相反的，假如從高於點數和 =5 的位階開始，將會強勢偏頗的往下移動；而假如從點數和 =5 的位階開始，或在遊戲中到達這個位階，將有較大的機率停留在原位階。在下面我們將看到這些論點在所有案例中都正確，且在骰子個數愈多的遊戲中，愈強而有力。基於這個理由，在 10 個骰子的遊戲裡，我們把點數和 =5 的位階訂為平衡位階；的確，這個位階的本質就是平衡態，即具有相等的權重或相同的機率向上或向下，但有較大的機率停留在原位階。在每一輪遊戲中用虛線劃平衡線，平衡的意思就是，上下偏離這條線時，系統有返回這條線的傾向。可以想成一個假想「力」，把系統拉回平衡位階；愈遠離平衡線，引領回到平衡線的復原「力」愈大。

以上描述的兩種特色——開始時喜歡向上移動，一旦達到平衡時就留在原地或附近，是第二定律的種子。這好比一個鬼魅「力」，吸引任何特定組態移向平衡線，一旦到達平衡線，偏離平衡線的，都會被「拉」回平衡線。[5] 用不同的方式來說，我們可以把平衡線想成「吸引器」，總是把「點數和」拉向它。

依據這個理由，偏離平衡線大的組態沒有什麼發生的機會，這就是為什麼我們非常難得看到返還原始組態，或到達極端位階的組態點數和 =10。（很容易算出造訪這兩個極端的機率是 $(1/2)^{10}$，大約是 1000 步裡只有 1 步。）

如同玩 4 個骰子，也可以把 10 個骰子所有可能的特定組態列表，下表中我們只列出各表象狀態中的部分特定組態。

表象事件	特定事件範例	組成表象事件的特定事件數目
表象 0	0000000000	1
表象 1	0000000001, 0000000010, ……	10
表象 2	0000000011, 0000001010, ……	45
表象 3	0000000111, 0000001011, ……	120
表象 4	0000001111, 0000010111, ……	210
表象 5	0000011111, 0000101111, ……	252
⋮	⋮	⋮
表象 10	1111111111	1

把所有 2^{10}=1024 個特定組態分為 11 個群組，每一群組為一個表象組態（或表象狀態、表象事件）。表象 1（即所有的組態都只有一個「1」）有 10 種特定組態，表象 5 有 252 個特定組態。

雖然我不建議玩這個遊戲，可能你已經注意到，假如你選點數和 =0，我選點數和 =5，在一開始的第零步你確定會贏，下一步你有 1/2 的機率贏，接下來贏的機率急速下降。相反的，我在頭幾步中贏的機率是 0，但是一旦到達點數和 =5 的位階，我就上手了，平均而言，我的贏率是 252：1 ！

在揭開熵完整的行為相貌以前，先檢視下面兩輪遊戲的發展。我們也改變了命名方式，不再說位階點數和 =k，而簡單說表象 k。點數和實在不是重要的東西，重要的東西是在表象組態或表象事件中有多少個「1」，或多少個「點」。

4.4 一百個骰子，N=100

圖 4.5 是玩了 1000 步的兩輪遊戲。很明顯，對於較多的骰子，需要更多步驟才能從表象 0 到達平衡位階，在這個案例中，平衡位階是表象 50。要多快才能達到平衡位階？假如我們非常非常幸運，

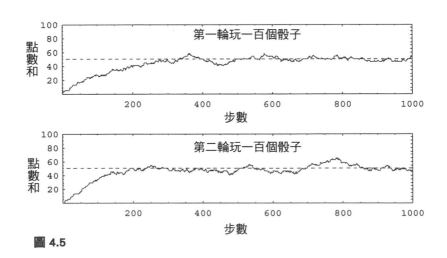

圖 4.5

在每一步都選到「0」，且每擲一次骰子都得到「1」，至少需要 50 步才能首次到達表象 50 的位階。[6] 但是不可能每一步都選到「0」，且選到「0」時，只有 1/2 的機會變成「1」，即往上移動；這些會影響往上爬到表象 50 位階的速率，你看，平均要 200 到 400 步才會到達。如圖所見，往上爬升的趨勢是相當穩定的，偶爾會停在同一位階，偶爾會有一陣子往下滑，然後又得到向上的衝力。

一旦到達表象 50 的位階，大部分的時間會停在那個位階或它的附近，偶爾也會遠遠偏離平衡位階。在這特定的幾輪遊戲中，從未再造訪初始位階表象 0，不是說絕對不會再造訪 0 位階，而是發生的機會是在 2^{100} 次中才有 1 次，或約是 10^{30}=1,000,000,000,000,000,000,000,000,000,000 步中才有一次。〔這是一個巨大的數目（只是「巨大」而已，還是可以清楚寫出來，但是，和下面幾輪等著我們的數目比起來，是相當小的，那可是我們絕對無法一筆一劃寫出來的數目）造訪表象 0 的位階（或表象 100 的位階），機會小於十億乘十億分之一。〕不要想用骰子去玩這個實驗，這可是冗長費力且無聊的遊戲，在電腦上玩這個遊戲比較簡單。

4.5　一千個骰子，N=1000

這回的結果和以前大致一樣，但在次頁圖 4.6 的尺度上有較為平滑的曲線。我們需要 3000 到 4000 步到達平衡位階，一旦到達平衡線，平衡位階的偏離幾乎只在平衡位階界線的上下，較大的偏離很罕見（可以看到尖銳的凸起像有刺的鐵絲網，沿平衡線延伸）。當然啦，大到把我們帶去位階 0 的偏離，是「絕對」看不到；這倒不是不可能的事件，但發生率約為 10^{300}（1 後面有 300 個 0）。即使

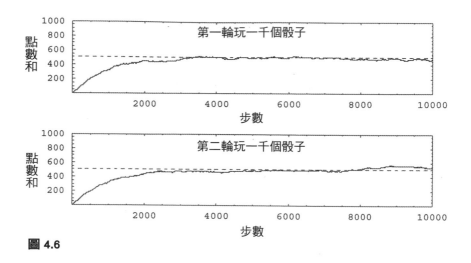

圖 4.6

在電腦上花很多時間跑程式，依然無法看到這事件。

想想看，往上移動、往下移動或停留在原位階機率的計算，雖然還是和前面一樣，但是能感覺出骰子數目增加時的變化趨勢，對我們是有幫助的。

第一步，如同往常，我們有相同的機率向上或停留在表象 0 位階，假設我們在第一步到達表象 1，在第二步有四種可能性：

1. 隨意選到「1」，機率 1/1000，且停留在原位階，機率 1/2。
2. 隨意選到「1」，機率 1/1000，且向下移動，機率 1/2。
3. 隨意選到「0」，機率 999/1000，且向上移動，機率 1/2。
4. 隨意選到「0」，機率 999/1000，且停留在原位階，機率 1/2。

因此下一步的三種可能性，淨機率是：

1. $1/1000 \times 1/2 + 999/1000 \times 1/2 = 1/2$，停留在原位階。

2. 999/1000×1/2=999/2000，向上移動。

3. 1/1000×1/2=1/2000，向下移動。

注意，停留在原位階的機率最大（機率約 1/2），幾乎與向上移動的機率 999/2000 一樣，而向下移動的機率 1/2000 是可忽略的。

這是非常值得注意的變化，你應該小心檢查這些數字。與 N=10 的案例比較，並且想想當 N 增加至 10^4、10^5 及更大時會怎樣；了解這個遊戲，對理解熵的行為至為重要。

可以用同樣的方法重複做第三步、第四步等步驟，只要組態中有很多的「0」，就會有較大的機率向上移動，而向下移動的機率會較小。當往上爬及點數和到達位階 N/2=500 時，這種「力」愈來愈弱，這可以從圖 4.6 中，整體曲線的樣子反映出來。起初向上爬的斜率陡峭，愈接近平衡線時，斜率就愈趨平緩，一旦初次到達該位階，就有較大的機率停留在原位置，且有相同的機率向上或向下移動。如同前面的案例，偏離發生時，系統傾向於返還原線，好像有一種看不見的「力」，把曲線拉向平衡線。

4.6　一萬個骰子，N=10^4 或更大

次頁圖 4.7 是 N=10^4 的遊戲，不需要再畫出另一輪，每一輪的曲線形狀幾乎都一樣。我們看到曲線在這個尺度上非常平滑，但即使在前面案例中看到的小突點都消失了，也並不意謂著不再有上下的波動，只是在這個圖形的尺度上看不到這些跳動；把某些小範圍的曲線加以放大，如在圖 4.7 中下方的兩個圖，就能看到這些波動。

如你所見，一旦到達平衡線（這得經過相當多的步驟），就幾

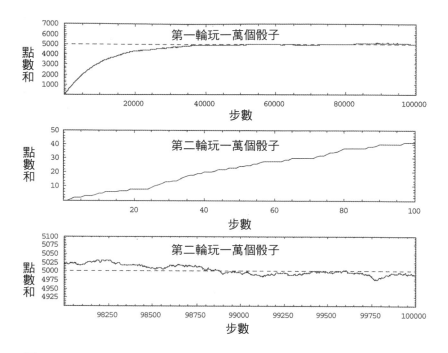

圖 4.7

乎永遠停留在那附近；遊戲的曲線和平衡線合而為一，看不到任何主要的跳動；當然也沒有回到最初的組態，但是發生的機率依然不是零，而是 $(1/2)^{10000}$，或 10^{3000} 步（1 後面有 3000 個 0，不要想能把它寫出來）中的一步。這是說實際上我們「絕不會」造訪初始組態，而且一旦到達平衡線，就會「永遠」停留在這個位階附近。

用括弧括起「絕不會」及「永遠」，來提醒你「絕不會」和「永遠」不是絕對的，也就是說「偶爾」還是有機會光顧初始組態的；但這個機會對於 N=1000 已經是微乎其微，而我們在第七章處理真實系統時，還會看到 N=10^{23} 數量級的數字，這較 N=1000 大 10 億

乘 10 億倍。對於這樣的系統，造訪初始組態的機率微小到我們可以真正的用「絕不會」和「永遠」的字眼，而不需要括弧。

　　讓你來感覺一下這數字的意義。想想看，用每秒鐘進行 1000 步的速率玩遊戲，假如你可以更快，那就每秒鐘進行一百萬步；宇宙目前的年齡估計為 150 億年，於是，假如你用每秒鐘進行一百萬步的速率玩遊戲，總共會進行 $10^6 \times 60 \times 60 \times 24 \times 365 \times 15 \times 10^9 = 4 \times 10^{16}$ 步。

　　就是說，在這段時間裡你進行了 10,000,000,000,000,000 步，意謂著你用整個宇宙年齡長度玩這個遊戲，也到不了初始組態一次；你必須玩 10 億倍宇宙年齡的時間，才能造訪初始組態。因此，雖然我們承認「絕不會」不是絕對的，其實它非常接近絕對。讓我們靜下來想一會兒絕對的「絕不會」及「永遠」的真正意思。

　　在日常生活中，你可能想都不想就使用這些名詞。向太太承諾說「永遠」忠實時，你的意思並不是絕對的，最多只能說在未來百年裡，你「絕不會」背叛她。

　　那麼對於太陽「永遠」在每天早晨升起的說法呢？你確定在絕對理念下，這會「永遠」發生嗎？我們所知道的只是在過去幾百萬年中它確實是這樣，而且可以預期（或應該是猜測）它在未來的百萬年或億萬年，會繼續這樣。但是我們可以在絕對的理念下說「永遠」嗎？當然不可以！

　　自然定律是怎麼樣的呢？可以說重力定律或光速「永遠」不變嗎？再一次，我們不能確定；[7] 我們所能說的是他們最多在未來的150 億年可能維持不變。

　　因此，在絕對理念下，我們無法說在真實物理世界裡，有任何事件「永遠」或「絕不會」發生。或許這些名詞可以用在柏拉圖的理想世界，在那個世界，我們可以做很多陳述，像是「圓周對半徑的比例」絕不會偏離 2π。

我們用引號括弧起「絕不會」和「永遠」的字彙，提醒我們，這些意思不是絕對的；我們也看到，在物理世界我們絕不能確定，能否使用「絕不會」及「永遠」的字眼。但是相較於對其他物理事件的論述，我們較有信心使用「永遠」停留在平衡線或附近，及「絕不會」返還初始狀態的說法。在第二定律的文章裡，我們可以宣稱「絕不會」是我們所能想到的所有「絕不會」中，「最絕不會」的，「永遠」停留在平衡線是所有「永遠」中，「最永遠」的。

因此，從現在開始，我們將維持「**絕不會**」及「**永遠**」的括弧，提醒我們這些不是絕對的，但是我們將使用粗體字來強調，這些名詞在第二定律的文章裡使用時，較諸其他任何真實物理世界中的敘述，更接近絕對。

我希望到現在為止，你一直跟得上，假如跟不上，請回去複習小數目骰子的論點。在本章所有遊戲中，你應該問自己三個問題：

1. 每一步驟中，是什麼東西改變了？試著給它一個你名字，這個名字反映出你在這些遊戲中，一直監測的東西。
2. 這些改變是如何達成的？這個問題最簡單，且最重要。
3. 為什麼這些改變朝平衡線的方向進行？為什麼它「**絕不會**」回到初始組態，而且「**永遠**」停留在平衡線附近？

假如你能輕鬆面對這些問題，並且覺得可以解釋答案，你幾乎已邁向理解熱力學第二定律之路的 50%。

仍然有一個重要的問題要答覆，這些骰子遊戲和真實物理世界有什麼關係？我們看到的東西與第二定律的關聯性到什麼程度？我們在第七章中會回到這些問題，現在先休息一下。

假設你花了些功夫才能跟我走這麼遠，現在是放鬆而用感官體

驗第二定律（或應該說是類似第二定律）的時候了。在下一章要做的，只是用感官體驗各種不同的想像實驗，讓你領會在相同的遊戲規則下，有各式各樣的過程，也讓你更有能力去了解第二定律真正支配的無限大數目的過程。不需要做任何計算，只要思考這些過程為什麼由這樣或那樣特別的方式發生；有了這些經驗後，再回去做更深入的分析，也將把所有的經驗從骰子語言，轉譯為含有分子及原子的真實系統的語言。在第六章我們將試著由骰子世界了解第二定律，在第七章中把理解的東西轉譯為真實實驗的語言。

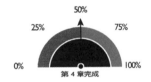

第 5 章

用五官感受體驗第二定律

　　在這一章裡，我們不像在前面的章節那樣，由骰子遊戲來獲得新的領悟，我們也不會對熱力學第二定律的本質有新的理解；相反的，我們將會描述幾個假設的實驗。隱藏在所有這些過程下的，是關於第二定律常見的基本原理，並與第二定律息息相關。我們也將用不同的感官來感覺第二定律，所有這些過程均基於同樣原理，而以不同的形式表現，這代表第二定律有很多的形式。為避免你對一再的重複感到厭煩，我們稍稍修改遊戲規則，借此顯示規則不是僵化的。例如，不必每一步挑選單一個骰子，我們可以在每一步挑選兩個、三個、四個骰子甚或一次挑選全部的骰子；也不必隨機挑選骰子，而是依順序挑選但隨意改變結果；或者可以隨機挑選骰子，但是依你的意思改變結果，即從「1」變為「0」，或從「0」變為「1」。重要的是每一個骰子有「公平」的機會改變，在整個過程中有隨機的元素存在。在第七章中我們將回去討論這些變化的機制，現

在先快樂的玩這些假設的實驗。實驗的設計是讓玩家覺得好玩，並且可以增強對第二定律的經驗及熟悉度。不需要努力去理解這些過程，在下一章我們再回來理解，在第七章會回到與真實世界相關的議題，現在只要看書並享受這些「體驗」。

5.1 用視覺看

我們從最簡單的例子開始，既不改變第四章中的任何規則，也不改變可能的結果數及機率，唯一的差別是不再去算「1」的數目（或加總所有骰子的點數），而來看系統的顏色如何隨時間改變，或隨步驟而改變。

假設有 N 個骰子，每個骰子有三面是藍，另三面是黃；你可以想成銅板的一面是藍，另一面是黃；但是我們在這一章及下一章繼續使用骰子的語言。

N 個骰子的特定組態是每一個骰子朝天面的顏色排列，在這個特別的實驗裡，沒有我們能計算的「點數和」，骰子擲出的結果是顏色而非點數。[1] 玩有點數的骰子時，我們把一組特定組態稱為表象組態，它們有相同點數和或相同「1」點的骰子個數；從特定組態行進至表象組態，你可以把骰子想成數位圖像中的圖素，兩種顏色的圖素太小了，只能看到「平均」顏色。次頁的圖 5.1 顯示出幾個表象事件，最左邊的棒柱體是 100% 黃色，把每一接續的棒柱體增加 10% 的藍，最右邊的棒柱體是 100% 藍色。

在本章的所有例子中，我們都使用 N=100 個骰子。從最初都是黃色的骰子開始，如同前述的規則，開啟改變骰子結果的機制。隨機撿起一個骰子丟擲，再放回骰子堆裡，這些全是人為的規則。但

圖 5.1

是在第七章中會看到，這種顏色的變化，原則上在真實的物理系統中會發生，而「驅動力」是熱力學第二定律。

我們會看到什麼呢？當然這裡無法把結果的點數和「畫」出來，我們可以把骰子的黃色面定為「0」，藍色面定為「1」，依照遊戲隨時間或步驟的演變，畫出「1」的數目；但是在這個實驗裡，我們只想看到發生了什麼事。在次頁的圖 5.2 中，從全黃的組態開始，縱軸為加入藍色的百分比，我們顯示出「平均」顏色如何隨時間演變。

假如我們從全黃的系統開始進行，剛開始我們不會看出什麼名堂；如在第四章所見，我們知道有強大的「向上」傾向，往藍的方向演變，幾個藍色骰子的效應太小，我們的眼睛根本看不到。待進行很多步後，開始看到系統的顏色逐漸從黃轉綠，一旦到達某一綠色帶（含有 50％藍色及 50％黃色），系統的顏色永遠不變了，我們將看不到任何改變。也許在平衡狀態的「綠色線」會有一些波動，但幾乎不會「光顧」純黃或純藍了。也要注意，即使 N=100，所有顏色的跳動都在綠色範圍內；當 N 很大時，雖然仍有變化，但看不到波動，表象顏色幾乎恆常不變，就是 50％藍和 50％黃的混合。

在第七章會秀出這個實驗可以用真實粒子（即兩個不同顏色的同分異構物）來執行，目前只要注意在這規則下，無論從哪一個組態開始，都會到達相同的終點（平衡）顏色。

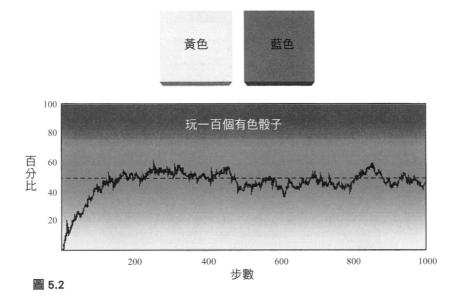

圖 **5.2**

5.2 用嗅覺聞

　　下一步，來描述第二定律主題的另一個小變奏曲。如同前面的例子，骰子有兩種具有相同機率的表面，假設骰子在 A 面朝天時，釋放 A 型的香味，B 面朝天時，釋放 B 型的香味。假如有一百個骰子，N=100，任一個 A 和 B 的組態，會嗅到平均香味 A+B，也就是香味 A 對香味 B 的比，等同於組態中 A 的數目對 B 的數目比。注意，嗅覺來自於特定分子吸附於特定受體的結果。[2]

　　我們在第七章會討論到用真實分子執行的雷同實驗；原則上，如同依據熱力學第二定律的演變，我們真能用嗅覺追蹤系統嗅味的變化；這裡只討論能釋放兩種不同香味分子的骰子實驗。

我們再從都是 A 的組態開始，如同第四章的玩法，但是規則有一些小小的變化。隨意挑選兩個骰子丟擲，聞所得到的組態，丟擲的過程得到 A 或 B，機率各為 1/2；例如，假設 A 面釋放具有綠葉香味的分子，B 面釋放具有紅玫瑰香味的分子（參見圖 5.3）。

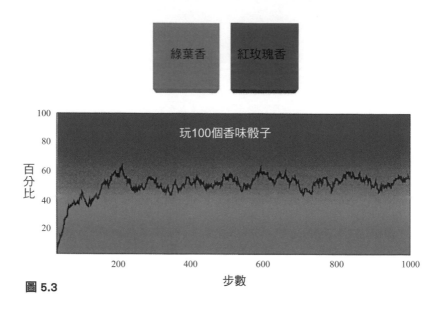

圖 5.3

開始時聞到純 A 型的香味，過了幾步，依然聞到 A 型的香味；雖然知道系統「向上」移動，朝 A、B 混合物方向的機率很高，但是即使是受過專業訓練的聞香師（化妝香水業雇用的專業人士），也無法嗅到小比例的 B；圖 5.3 顯示出在 100 個骰子的系統中，香味的演變。我們從綠葉的香味開始玩這個遊戲。

經過很多步以後，你會注意到 B 型的香味和主導的 A 型香味混合了，經過更長的時間，到達 A 型香味和 B 型香味 1：1 的混合點，

即骰子比例 1：1 的「平衡線」組態。一旦到達特定的混合香味，就不再聞到進一步的變化，雖然會有一些波動，但不會與平衡香味有很大的不同；當骰子的數目增加時，會到達恆常的平衡香味，我們不再會嗅到明顯的差異。

　　如在上面看到的，雖然這是假設的過程，但我們確實能設計一個真實的實驗，追蹤不同香味分子混合的全程演變；我們將在第七章中討論這類實驗。事實上，真實的實驗遠較這個假想的骰子實驗容易設計。

5.3 用味覺嚐

　　如同嗅味的實驗，可以設計一個用舌頭品嚐的實驗，只要在實驗中改變一些遊戲規則。再次用 100 個骰子開始，每一個骰子有三面是甜味，比方說是糖漿；另三面是酸味，比方說是檸檬汁（見圖 5.4）；我們前去找尋系統的「平均」味道。[3] 嚐到的味道是表象味道，而分不出不同的特定組態，味覺只能感受到兩種味道的比例。

　　我們從全酸的組態（圖 5.4 中用黃色代表）開始，不再隨機選擇骰子，而從左至右依序一個接一個的揀骰了。揀第一個骰子來丟擲，品嚐新的表象組態的味道，然後依次揀下一個骰子丟擲，就這樣一直下去。假如有 100 個骰子，從第一個骰子（第 1 號），進行至最後一個骰子（第 100 號），重複進行 10 次，總計執行了 1000 步。次頁的圖 5.4 顯示出遊戲中味道的變化。

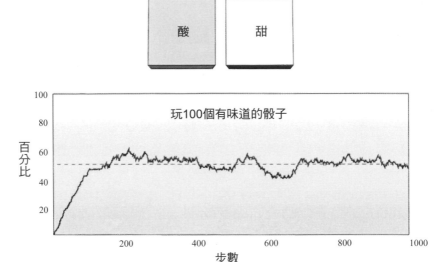

圖 5.4

　　雖然改變了遊戲規則，遊戲外觀的演變和以前一樣，從純酸的
味道開始，在頭幾步中嚐不到整體味道的變化；除非你是美食家或
有非常敏銳的味覺，否則無法分辨 100％ 的酸味和 99％ 酸味加 1％
甜味的不同。但是如同我們從第四章的分析中得知（或者你可以用
骰子做實驗或執行第七章描述的真實實驗），系統有強烈「往上」的
傾向，這兒是朝向「甜和酸」的味道走。經過 1000 步，你會看到幾
乎是 50％：50％ 的甜味和酸味，一旦到達這個「位階」，你不再會
感覺到味道的變化。當然啦，改變每一個骰子味道的機制和前面幾
個例子一樣；但是表象味道的改變，如同第四章中骰子的點數和，
是感覺不出來的。我們將「永遠」嚐到同樣的「甜和酸」的味道，
雖然依然有小小的波動，但是舌頭幾乎感覺不出來。系統到達「甜
和酸」的平衡線後，「絕不會」再光顧開始的純酸味或純甜味。

5.4 用聽覺聽

這個實驗描述一個假想過程，這過程可以讓耳朵聆聽並體驗第二定律；再一次把遊戲規則稍微修改，不同於前面的章節只有兩個結果，假設有三個可能的結果。還是用骰子的語言，假設每一個骰子有兩面 A，兩面 B 和兩面 C（見圖 5.5），想像無論何時，只要 A 面朝天時，就發出音調 A。我們可以將骰子的面想像成振動膜，振動膜在不同的頻率振動，發出的聲波讓耳朵聽到不同的音調。[4] 聲音也可以不必從骰子本身發出，我們可以想成當骰子出現 A 面時，一個信號傳至音叉發出音調 A。同樣的，出現 B 面發出音調 B，出現 C 面發出音調 C。

圖 5.5

我們還是從全部都是 A 的初始組態開始進行實驗，除了有三個而非兩個「結果」以外，規則和以前一樣；隨意挑一個骰子丟擲，得到 A、B 或 C 的其中一個結果。

使用跟之前在第四章中做過的分析幾乎相同的方式，我們不用點數和，而是用耳朵聽到的表象音調，追蹤系統的演變。

開始時聽到純 A 的音調，我們知道系統有很高的機率「往上爬」至混合音調，但主導的還是音調 A。假如從 N=1000 個骰子開始，

我們注意到剛開始時幾乎沒有變化；假如你有很好的音感，過一陣子，你會聽到混音（或合聲），假使 A、B、C 是和諧的，你的耳朵會愉快的聽到美妙的樂音。

經過好一段時間會到達平衡音調，我們將聽到由三種等量純 A、B 及 C 音調組成的合音。一旦到達這個「音階」，系統會「永遠」停留在那兒；三個音調的相對權重會有一些波動，但即使有絕對音感的耳朵也很難分辨出來。

5.5 用觸覺感受

在最後一個例子裡，我們將描述極端假設的實驗，這個實驗與溫度有關。

我們由皮膚感受熱、冷物體的溫度，[5] 但有很長一段時間，我們都不了解這種感官在分子層面的緣由。雖然今天已充分了解熱的分子理論，但要一般人接受事實，承認溫度只是構成物質的原子及分子運動（移動、轉動及振動）的「平均」速率，還是不容易。

我們感覺一塊鐵是冷的或熱的，但無法感覺到鐵原子的運動；在日常生活中，我們把溫度及運動這兩個完全不同的概念，當成兩個不相關的現象；一個迅速移動的球可能會很冷，一個靜止不動的球可能會很熱。但是物質的分子理論偉大的成就之一，就是確認了我們感覺冷、熱的溫度，是原子及分子的平均速率；在物質的原子理論建立以前，這是不容易理解的，但是今天我們已完全確立，並接受這項理論。

利用在骰子遊戲中得到的深入知識，我們將設計最後一個有關觸覺的實驗；它包括溫度，但只是極端簡化的溫度實驗。我們將在

第七章簡短討論有關氣體溫度的真實實驗，這個實驗非常重要，因為熱力學第二定律是經由思考熱機及不同溫度的物體間的熱流動，所導衍出來的。

這個實驗是特別為我們第五個、也是最後一個感官設計的。遊戲的骰子有兩種表面，三面是熱的（100℃），三面是冷的（0℃）；[6] 每一面向有固定的溫度，[7] 各個面向之間是完全絕緣的（否則真實的熱力學第二定律就會在組成骰子的分子上運作起來，使骰子的溫度達到平衡而破壞我們的遊戲）。在圖 5.6 中，我們秀出藍色是冷面，紅色是熱面，如同水龍頭的冷熱標示。

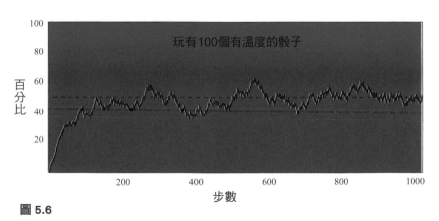

圖 5.6

從玩 100 個骰子開始，所有骰子的冷面朝上，使我們觸摸整體樣品時有冷的感覺。如第四章的玩法，遊戲規則僅有微小的改變；

從所有冷面朝上開始，隨意選一個骰子，骰子面向改變的方式不再是擲骰子得到結果，而是依我們事先預定的方式，假如它是冷的，就改成熱的，假如是熱的，就改成冷的。

假如不同溫度的骰子像「圖素」那麼小，觸摸全部 100 個骰子時，只感覺到系統的平均溫度，無法分辨不同的特定組態（哪一個骰子的面是熱的或冷的）；只有感覺到表象組態或表象溫度（即只有冷、熱骰子的比例）。照著這個規則進行時，我們感覺溫度逐漸上升，經過一段時間到達溫度的平衡位階；從此開始溫度「永遠」停留在那兒。表象溫度幾乎停在攝氏五十度不變，從那時起，就再也感覺不到溫度的變化了。

我們用這最後的例子，為以五官感受第二定律作用在骰子系統的旅程，畫上句點，我們將在下一章分析所有這些骰子實驗，骨子裡的原理，並在第七章分析其與真實世界中第二定律的關聯性。

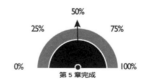

第 **6** 章

用常識理解第二定律

　　體驗了第二定律在骰子上的各式各樣表現後，到了停下來分析，並對截至目前為止學到的東西，做合理解釋的時候了。我們回想在不同機制下觀察到的不同現象，下一章會看到其中一些例子（顏色、味道和嗅味）可以對應到真實系統，有一些例子不能用粒子來表現（單一的粒子不能釋放聲波、用指尖感覺到的溫度是一堆分子速率分布的結果，以及我們就是不能把溫度指派給一個分子），當然還有更多的例子。本章的核心問題是：我們在第四章、第五章中觀察的實驗現象，共同的特色是什麼？本章中討論的現象除了 N 非常大，比前面最大的 N 還要大很多以外，在本質上和第四章、第五章是一樣的。

　　首先，我們要問自己三個問題：

1. 我們看到一個共同的東西，它會朝「平衡」方向改變，而且

一旦到達平衡就看不到進一步變化，這個東西是什麼？

2. 如何達到這種改變？帶領我們從初始狀態到最終狀態的機制，它的核心概念是什麼？

3. 為什麼這些變化只朝一個方向，一旦到達平衡，就不再有進一步變化？

我們用只有兩種結果的骰子，討論實驗中這些單純的典型問題，結論適用於前面章節中討論的所有其他型式的骰子，同樣也適用於下一章中的真實實驗。

回想一下，系統有 N 個骰子，丟擲任何一個骰子都同樣有 1/2 的機率得到結果「0」或「1」；我們訂下遊戲規則，我們可以根據這個規則來改變骰子的組態。我們也見識到規則是可以改變的。重要的是，規則中至少要有一種隨機元素，這個隨機元素可能是隨機挑選骰子而刻意改變骰子的結果，或依據既定的次序揀骰子丟擲，得到新的隨機結果，或兩個步驟都隨機。

我們定義特定組態或特定事件為「每一個別骰子結果的詳細描述」；圖 6.1 中，四個骰子的精確組態是：左邊第一個骰子（紅色）是「0」，次一個骰子（藍色）是「1」，第三個骰子（綠色）是「1」，最後一個骰子（黃色）是「0」。這種「每一個別骰子結果的詳細描述」，完整詳細的描述了系統。

圖 6.1

　　我們用表象組態、表象狀態或表象事件等名詞，對系統做比較不詳盡的描述；在表象事件中，我們僅指出「1」的數目（或「0」的數目），而不管個別骰子是「1」或「0」。因此，在圖 6.1 中對系統的表象描述僅是 2，或表象 2。

　　從特定組態走向表象組態時，我們不管個別骰子的身分（它是紅色或是藍的，排第一或第二），在這種描述中，個別骰子是不可區分的。這兒，從特定描述走向表象描述時，我們主動放棄骰子的身分資訊；在真實世界裡，個別分子和原子在本質上是不可區分的，這是骰子和原子的重要差異，下一章中將討論到。

　　一定要小心注意到表象組態的兩個特徵：

　　第一，任何表象的描述：「在 N 個骰子的系統裡有 n 個 1」，這個表象組態含有的特定組態的數目，隨 N 增加而增加。用一個簡單的例子來看，表象描述「在 N 個骰子的系統裡有單一個 1（n=1）。」這裡在表象 1 的狀態裡就有 N 個特定組態。

　　第二，在固定 N 的系統裡，組成同樣表象組態所含的特定組態，數目隨 n 從 0 增加至 N/2 而增加（依據 N 是偶數或是奇數，分別有一個或兩個最大值）；我們在第四章中已看到了這種情形，這兒舉另一個 N=1000，n 從 0 至 N 的例子（如圖 6.2）。

　　理解這兩種趨勢很重要，當 N 及 n 很大時，所需要的計數是繁複的，但其中沒什麼特別的困難，也沒有高深的數學，只是一般簡單的計數。

　　一旦定義了特定組態及表象組態，我們就能回答本節開頭的第一個問題，「在第四章、第五章的遊戲，也是所有的遊戲裡，隨著每一步進行而改變的是什麼？」。

　　很清楚的，你看到的變化在每一個實驗中都不同，其中之一的顏色從黃變成綠，其他還包括味道、嗅味、溫度等的變化；所有的

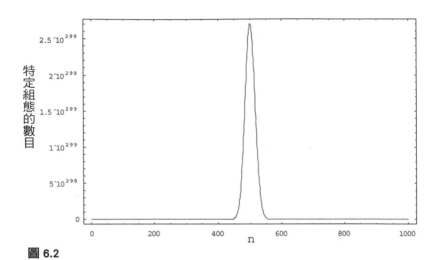

圖 6.2

現象都是內在相同而以不同形式呈現的過程。我們現在對前兩章實驗中改變的共有的東西產生興趣。

回到第四章中討論的「0」和「1」的遊戲。在第四章，我們追蹤點數和；顯然這是我們在第五章的實驗中，無法追蹤的。在第四章的遊戲中，「點數和」是由實驗中「1」的數目（或「0」的數目）計算而來的；同樣的，我們可以指派「1」及「0」為兩種顏色、兩種味道或兩種溫度，然後追蹤第五章中每一個遊戲的「1」的數目；這樣做雖不盡令人滿意，但還可以接受。我們得找一個適當的名字，描述這個在所有實驗中共有的東西，並給它一個數值，這個數值一直增加到達到平衡值。我們暫時稱它 d 熵（d 代表骰子）或「骰子熵」，此刻它僅是還沒有被賦予意義的名詞。

這對這個特定遊戲是說得過去的，但是你可能對這個描述提出兩個反對意見。第一，我們知道（真實的）熵是一直增加的，在這個例子中，如果從「全 0」的組態開始，「骰子熵」會向上走，但是

從「全 1」的組態開始呢？「骰子熵」會俯衝向下；這和我們對真實熵的行為的了解是牴觸的。第二個你可能提出的反對意見是：假如骰子有三個不同的結果，「0」、「1」和「2」，甚或非數字的結果 A、B 和 C，或三、四種顏色或無窮盡範圍的顏色、速率等，我們應該監測什麼呢？

　　兩個反對意見可以這樣來擺平：第一，在每一特定遊戲中觀察或感覺到的*東西*是一回事，而我們監測的*東西*是另一回事。

　　在簡單的骰子遊戲中，一直監測「1」的數目，只有從「全 0」組態開始，這個數目穩定增加，假如從「全 1」的組態開始，「1」的數目穩定持續的減少，向平衡線靠近。只要用一個簡單的轉換，就能監測一直朝平衡線增加的東西，[1] 我們需要用到第二章定義的絕對值符號來做這件事。

　　不再監測「1」的數目 n，我們來監測 $|\,n\!-\!N/2\,|$。記得 N 是骰子的數目，n 是「1」的總數，$|\,n\!-\!N/2\,|$ 量測的是與平衡線的「偏差」，或 n 與半數骰子的距離。我們用絕對值，使 n=4 及 N/2=5 的距離與 n=6 及 N/2=5 的距離一樣，重要的是知道我們離平衡線 N/2 多*遠*。[2]

　　從「全 0」的組態出發，n=0，$|\,n\!-\!N/2\,|$ =N/2；從「全 1」出發，n=N，$|\,n\!-\!N/2\,|$ =N/2；二者與 N/2 的距離一樣。n 改變時，這個量會從 N/2 逐漸變為 0；因此不管從哪一個初始組態開始，有一個量幾乎*永遠*在減少。[3] 一旦到達最小值 $|\,n\!-\!N/2\,|$ =0，我們就在平衡線上。嗯，來看一下 N=10 及所有可能的 n 值；假如不喜歡監測漸減的數目，就來看這些數目的負數吧。[4] 這個負數是 $-|\,n\!-\!N/2\,|$，它會從 –N/2 持續增加至 0；假如不喜歡監測負數，就用 $N/2-|\,n\!-\!N/2\,|$ 吧，在所有案例中，這個數從任何初始組態向最大值 N/2 持續增加。[5] 如你所見，用簡單的轉換就可以定義一

個新的量，它「永遠」隨時間（或步驟數）增加。但是這個量不能回答第二個反對意見，它僅能用在只有兩種結果的骰子，無法適用於骰子有三個或更多結果的更通常案例；因此，我們需要找尋一個量，適用於第四章及第五章中討論的所有實驗。

我們現在要建構一個新的量，它會永遠增加且對更一般性的案例也正確。選擇這種量的可能性很多，我們將選擇與熵最接近的量。這兒需要資訊的觀念，更精確的說是資訊的數學量度。

我們選擇「欠缺的資訊」這個量，來描述改變了的東西，「欠缺的資訊」用 MI 代表（MI 現在是 missing information 的縮寫，下一章中將會確認，它與熵的觀念一致）。

在定量描述過程中會變化的東西是什麼時，這個量有幾項優勢。第一，它與我們日常生活中用到的資訊意思一致；第二，它給了一個數來描述任何遊戲中，從初始狀態到最終狀態會變化的東西；它永遠是一個正數，而且在骰子遊戲及真實世界中持續增加；最後並且是最重要的，它是通用於所有骰子遊戲的量，因此適合取代臨時名詞「骰子熵」。它也等同於所有物理系統中的共通量「熵」。[6]

定性的定義是：有了一個用表象方式描述的組態，即「在 N 個骰子的系統裡有 n 個 1」，我們不知道它確切的組態，我們的工作是把特定的組態找出來。[7]

顯然，僅從表象組態的資訊無法推斷確切或特定的組態；我們需要更多資訊，這些資訊被稱為「欠缺的資訊」或 MI。[8] 怎麼樣找到這些資訊？問是非題。我們可以定義 MI 是為了得到特定組態的資訊，所需問的是非題的數目。

在第二章中看到「欠缺的資訊（MI）」是一個量，它與我們得到這項資訊的方法是獨立的；換言之，不管我們用的策略為何，MI 就在系統「那兒」。但是，假如我們用最聰明的策略，MI 會是我們

需要問的是非題的平均數目；因此，為了要用是非題的數目來量度
MI 的量，就得用第二章中描述的最聰明步驟來問問題；很明顯，
MI 愈大時，需要問的問題數愈多。我們仔細看幾個例子的計算，
「在一個 16 個骰子的系統裡有一個單獨的 1」（圖 6.3），我們要知道
確切或特定的組態，需要問多少個問題得到 MI ？

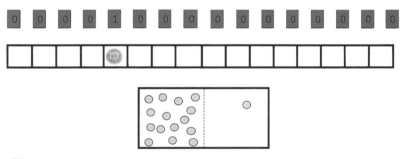

圖 6.3

　　這和在 16 個有相同可能的箱子中，找到藏起來的銅板（參考
圖 2.9），是完全一樣的問題。因此我們將使用相同的策略提問（見
第二章）：它在前半部嗎？假如答案為「是」，我們繼續問：它在前
半部（左邊四個箱子）嗎？假如答案為「否」，就選擇有銅板的那一
半，以這種方式，我們用三個問題找到銅板的位置。顯然，我們在
較大的 N 裡找到單一的「1」，例如 N=100 或 1000，MI 會較大，我
們需要問較多的問題。試著算出在 N=32 及 N=64 的骰子系統中，
找到單一的「1」所需的問題數。[9]

　　下一步，假如在 16 個骰子的系統裡有「2 個 1」（如圖 6.4），我
們得問更多問題以得到 MI。首先，提問找到第一個「1」，然後問同

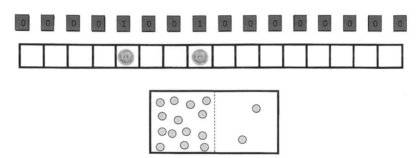

圖 6.4

樣形式的問題，以便在剩下的 15 個骰子中找到第二個「1」。

顯然，當 N 一定時，為了得到需要的資訊，所需提的問題數隨 n 增加而增加；n 愈大，我們要問更多問題來找到所有的「1」（或所有藏起來的銅板）。

對任何的 n 及 N，所需的問題很容易算出來。只要提問以決定在 N 個骰子中第一個「1」的位置，然後決定在剩下的 N–1 個骰子中第二個「1」的位置，然後再決定在剩下的 N–2 個骰子中第三個「1」的位置，一直下去直到我們找到所有 n 個骰子；對任何小於 N/2 的 n 都是這樣的。

你不僅應該很聰明的選擇最好的策略，也要選擇尋找結果所在；假如 n（「1」的數目）比 N/2 大，最好去找「0」而非「1」的位置。例如在 4 個骰子的系統裡有 3 個「1」，MI 就和 4 個骰子的系統裡有一個「1」一模一樣。這兒聰明的方法是在第一個案例中，提問找到單一的「0」，或在第二個案例中找到單一的「1」。只要問兩個問題，就得到了全部正確的組態。

對固定的 N，MI 隨 n 增加而增加。對固定的 N，從 n=0（所有的都是「0」時，我們需要的問題數是 0）到 n=N/2〔或（N+1）/2，在 N 是奇數時〕，MI 隨 n 增加而增加，當 n 大於 N/2 時，MI

隨 n 增加而減少。到達 n=N 時，MI 又是 0（當所有的都是「1」時，需要提問的數目也是 0）。[10]

　　相似的步驟也可用在有兩種以上結果的案例，這稍微複雜些，但對了解第二定律並不重要。

　　現在有個稱為 MI 的數量，它是我們由表象組態找出特定組態，所需要用來描述欠缺資訊的**數目**；這個數目對任何 n 及 N 都很容易算出來。[11]

　　回到第四章的遊戲，在第四章遊戲進展過程中，我們監測結果的**點數和**或 1 的數目。現在不再監測這兩個相等的數目，我們來監測每一步的 MI；這是較廣泛的量（可以應用於任何數目及型式的結果），並且它永遠增加（不論從何種狀態開始），直到在某一點（在此為 n=N/2）到達最大值。最重要的是，可以證明這個量與真實系統的熵一致。

　　我們應該知道 MI 是選來監測遊戲進展的量，這是很多可能的選擇之一（其他可能包括「1」的數目、點數和或 N/2－｜n−N/2｜）。改變的**東西**是系統的表象狀態或表象組態，我們指派給這些狀態的數目，只是能受量測或監測的指數；同樣的指數適用於第四章、第五章中的任何實驗，實驗的結果不是數目而是顏色、音調、嗅味、味道或溫度。

　　這些從小指數（MI 或點數和）的表象組態到較大指數的表象組態的變化，都是骨子裡相同而以不同**形式**表現的過程，唯一剩下的事，是給這個指數一個名字，此外無他。目前我們用 MI 這個詞，意思是「欠缺的資訊」，很明顯，沒有引起任何神祕感。等為我們監測的指數找到帶有資訊意思的名字，[12] 就可以丟掉「骰子熵」這個暫時的名詞。不然，我們也可以用 MI 這個名詞，在後面會看到 MI 本質上和系統的熵是一樣的。[13]

現在來看看本章開頭的第二個問題。我們如何從初始狀態到達最終狀態？

對這些特定的骰子遊戲，答案非常簡單，我們指定了遊戲規則。最簡單的規則是：隨意撿起一個骰子丟擲，得到一個隨機的結果，記錄下新的表象組態。這樣就回答了「如何從初始狀態到達最終狀態」的問題了。

我們也看到了在選擇規則時有一些自由度，依據一定的次序挑選骰子（從左往右，或從右往左，或任何其他指定的方式），然後丟擲骰子得到隨機的新結果；或任意挑選骰子，然後依既定的方式改變結果，假如原來是「0」，就改為「1」，原來是「1」，就改為「0」；還有很多其他的規則可以應用，例如，隨意挑選兩個（或三個、四個等等）骰子丟擲。遊戲的發展如在第五章的實驗中所見證的，每一步在細節上會有小小的不同，但整體看來是一樣的。重點是規則應該賦予每一個別骰子「公平」的機會去改變，在過程中具有隨機這個要素；在這些限制內，我們有很多可能的規則達成這種改變。

要記得，我們能輕易擬訂一個非隨機的規則，這樣遊戲的進展就會非常不同。例如，依序選擇骰子，比方從左往右，然後依既定的方式改變骰子的結果，「0」改為「1」或「1」改為「0」；從全 0 的組態開始，系統演變為全 1 的組態，然後回到全 0，繼續這樣下去，如下面的序列：

$$\{0,0,0,0\} \rightarrow \{1,0,0,0\} \rightarrow \{1,1,0,0\} \rightarrow \{1,1,1,0\} \rightarrow$$
$$\{1,1,1,1\} \rightarrow \{0,1,1,1\} \rightarrow \{0,0,1,1\} \rightarrow \{0,0,0,1\} \rightarrow$$
$$\{0,0,0,0\} \rightarrow \{1,0,0,0\} \rightarrow\cdots\cdots$$

在這個例子中，系統的演變與第四章、第五章中看到的不同。

　　我們也可以指定一種規則，完全不改變組態（隨意挑選一個骰子，不改變它的面向），或從全 0 改為全 1 的組態（依序挑選骰子，永遠從「0」變為「1」及從「1」變為「1」）；我們對這些規則不感興趣。在下一章會討論到，物理世界裡沒有這種類似的現象（見第七章）。

　　結論是：「如何」辦到的，答案很簡單。我們需要的只是定義一個規則，它具有隨機的元素，並給骰子「公平」的機會從一個結果變成另一個結果。

　　終於，我們來談最後也是最重要的問題，為什麼系統從低的 MI 演變成高的 MI（或為什麼第四章的遊戲「點數和」或「1」的數目，持續穩定朝向平衡線增加）？

　　這個問題的答案就居於熱力學第二定律的核心。雖然這兒的答案完全適用於簡單的骰子遊戲，我們會看到對真實的物理過程來說，它也是正確的。

　　如同在任何物理定律裡，對於「為什麼」這個問題有兩種可能的答案。我們可以簡單答以「它就是這樣」。沒有更深層的方法了解牛頓運動定律，在不受外力干擾的運動中，球會永遠以一定的速率直線移動。為什麼？這個問題沒有答案，它就是這樣，自然是這樣運作的，沒有具邏輯的理由，沒有解釋。事實上，這個定律聽來「不自然」，因為它和我們在真實世界通常看到的相牴觸。一個沒有科學概念的人讀到這段文字時，會很訝異聽到這項定律的存在，大聲反對道：「不受外力干擾的運動中的球，最後會停止」。這個定律沒有以常識為基礎，也不能簡化為常識。事實上，大部分的量子力學定律甚至是反直覺的，我們聽來一定覺得不合邏輯或不自然（理由可能是我們不「活」在微觀世界，量子力學效應不是我們日常經驗的一部分）。

第二種答案是尋求內在深層的原理或定律的詮釋，這是人們幾十年來想為第二定律做的事。熱力學第二定律在這方面是獨一無二的，因為我們可以基於邏輯及常識回答這個問題的「為什麼」（或許另外唯一也奠基於常識的自然定律，是達爾文自然演化論 [14]）。

我們在前面的章節中看到，本質上相同的過程有很多不同的展現形式（在真實世界更多）。雖然在不同的實驗中，我們監測不同的展現方式，即在其中一個遊戲中，監測「1」的數目，在另一個遊戲中，監測「黃色」的數目，再在另一個遊戲中，監測「甜」骰子的數目——我們已決定用同樣的指數 MI，來追蹤這些不同遊戲的進展。它們是內在本質相同的過程，只是以不同的形式表現，例如：「系統朝向更綠演變」、「系統朝向更大點數和演變」、「系統朝向更大 MI 演變」等等。[15] 所有的描述對發生的事情都是正確的，但沒有一個可以回答「為什麼」這個問題。沒有自然定律陳述系統應朝向更綠變化，也沒有一個自然定律敘述系統應朝向更大的無序或更大的 MI 演變。

假如我告訴你，問題「為什麼」的答案是「因為自然的變化方式是從有序走向無序，或從小的 MI 到大的 MI」，情有可原，你可以繼續問，為什麼？為什麼系統從低的無序向高的無序改變，或從小的 MI 到大的 MI？真的，沒有這樣的定律。我們監測的事物可以描述這個現象，但不能解釋演變的緣由。要回答「為什麼」，需要一個不會引出新的「為什麼」的答案。

問題「為什麼」（對所有目前觀察到的過程，其實也對所有真實的過程）的答案很簡單，事實上，它可以簡化為沒什麼，就只是一般的常識罷了。

我們看到了，每一個遊戲都一樣，從初始組態開始，系統從含有較少特定組態的表象組態，進行至新的、含有較多特定組態的表

象組態。為什麼？因為每一個特定組態是一個基本事件，具有相同的機率，因此含有較多基本事件的表象組態擁有較大的機率。當 N 非常大時，機率變得非常大（幾乎是 1！）[16]。這就相當於下面的說法：

> 預期較常發生的事件，就會較常發生。對很大的 N 來說，
> 較常發生就等於永遠！

這把「為什麼」問題的答案，簡化為重複的詞句。確實，如我們在第二章所見，機率只是常識，我們的問題「為什麼」，答案也是一樣。

在所有實驗中，觀察到的變化是從較低機率的表象事件，來到較高機率的表象事件；這發現沒什麼神祕，只是一般觀念罷了。

很清楚的，從這個觀點來看，MI（以及熵，見第七章）的增加，與物質量或能量的增加無關。

你一定在奇怪，假如熵的行為只不過是常識，那為什麼與第二定律有關的深沉奧祕這麼多？我在第八章將試著回答這個問題。當下，我們仍在骰子世界裡；我建議你選個 N，16 或 32 或任何數，依據第四章、第五章的規則，在心裡或電腦上玩一下遊戲。跟著組態的演變，問自己是什麼東西改變了？如何改變？以及為什麼照這樣特定的方式改變？你的答案與這個特定的骰子遊戲相關，但在下一章，我們會看到這些答案也和真實世界中熵的行為相關。

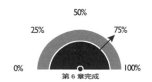

第 7 章

從骰子世界轉譯至
真實世界

　　在第六章中，我保證假如你懂了骰子遊戲的變化，並且也能回答「是什麼東西」「如何改變」及「為什麼」這些問題，你就幾乎快了解第二定律了；剩下要做的只是要知道，在骰子世界學到的東西與真實世界是相關的。

　　本章將把骰子語言轉譯為兩個真實實驗的語言，從最簡單、廣為人知且已有深入研究的實驗開始：理想氣體的擴散。

　　為了讓轉譯簡單些，我們把第四章中的骰子遊戲再做些規定，骰子的三面刻上字母 R，另外三面刻上字母 L，而不再是「0」和「1」，或黃色和藍色、甜味和酸味，我們只有兩個字母 R 和 L（R 和 L 代表「右」和「左」，但現在可以當成是骰子的兩種結果；或者是銅板的正、反兩面）。從都是 L 的系統出發，依據第四章訂的遊戲規則，我們可以監測「R」的數目，或「L」的數目，或欠缺的資訊 MI。因此，經過一段時間，這個系統中所有「R」及「L」的數目幾

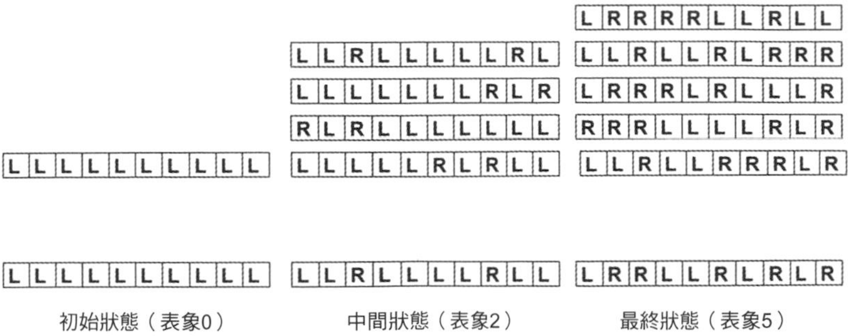

初始狀態（表象0）　　　中間狀態（表象2）　　　最終狀態（表象5）

圖 7.1

乎都等於 N/2，此處 N 是骰子的總數。在圖 7.1 中顯示出 N=10 的
遊戲的三個階段。

　　注意，初始狀態（表象 0）獨一無二，只擁有一個特定組態；
圖中的中間狀態（表象 2）有很多可能的特定組態（$10 \times 9/2=45$）；
最終狀態（表象 5）是最大的表象組態，這兒只顯示很多可能特定
組態（$10 \times 9 \times 8 \times 7 \times 6/5!=252$）中的一個。圖 7.1 秀出了這些表象
組態所含有的一些特定組態。

7.1 骰子世界與氣體擴散的相似性

　　考量次頁圖 7.2 所示的實驗系統，我們有兩個相等體積的空間，
由隔板分離，右側的空間稱為 R，左側的空間稱為 L。由 N 個氙原
子開始，所有的原子都在左側的空間，只要我們不移開隔板，就看
不到什麼變化；事實上，在微觀的層次，所有的粒子不斷隨意躁
動，改變位置和速率。但是在巨觀的層次量不到什麼變化；我們可

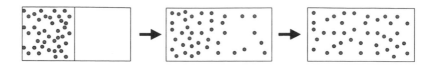

圖 7.2

以量測壓力、溫度、密度、顏色或是其他任何性質，得到不隨時間和空間變化的測量值；我們說系統的初始狀態在空間 L 中，並處於平衡狀態。[1]

假使我們移開隔板，讓第二定律動起來！我們將看到變化，我們監測顏色、壓力、密度等等，這些數量都隨著空間和時間改變。看到的變化永遠朝一個方向，原子從左側空間 L 移向右側空間 R。假設監測 L 的密度或顏色，我們會看到密度隨時間持續穩定減少（或監測顏色的深淺，假如有顏色的話，顏色會變淡），經過一段時間，系統達到平衡狀態，你再不會看到監測的參數有任何變化，這是新的平衡狀態。一旦到達這個狀態，系統會「**永遠**」停留在那兒，它「**絕不會**」回到初始狀態。這個過程是第二定律的一個相對簡單的表現形式。

在這個特定的過程中，我們從一個平衡狀態（所有原子在L中）進行至一個新平衡狀態（原子分散到 L 及 R 的全部空間）。我們用稍微不同的方式重複這個實驗，讓骰子遊戲輕鬆轉譯為真實世界。假設在圖 7.2 中，我們不移開隔板，而在兩個空間之間開一個很小的洞，使得在一段時間內只有一個分子或很少的分子能從 L 移動到 R。假如在短時間內開、關這個小洞，我們會和圖 7.2 一樣從初始狀態進行到最終狀態，但在這個例子裡，我們會經過一系列的中間平衡狀態後。[2]

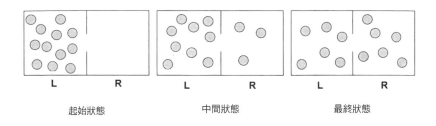

L		L	R		L	R
起始狀態		中間狀態			最終狀態	

圖 7.3

圖 7.3 顯示這個過程的三階段。

讓我們把骰子世界和目前氣體擴散的真實實驗，做下列的對應：每一個骰子相當於一個特定原子，比方是氬粒子，前面實驗中「R」及「L」骰子，則分別相當於空間 R 及 L 中的特定原子。

在次頁圖 7.4 上方 N=2 的案例中，我們把這兩個「世界」做更詳細的對應；注意在這個對應中，我們分辨出紅色及藍色的粒子，在圖 7.4 下方，也加入了與同化過程的對應，本章稍後會加以說明。

下一步我們定義特定組態，做為個別粒子在空間的完整詳盡說明。在骰子世界中，我們可以分辨不同的骰子（雖然當我們關切表象組態，而只監測粒子數時，丟棄了這項訊息），但在真實實驗裡，粒子從一開始就分辨不出來，因此我們不需要放棄任何資訊。不可分辨性是原子的性質，這是自然賦予粒子的特性。骰子的各面向都是一樣的，然而在我們可以監測個別骰子這點來說，它們是可以分辨的。搖動 10 個相同的骰子時，我們可以監測特定的骰子，並且在任何時點，都可以說出這個特定的骰子從哪兒來。

在定義骰子的表象組態時，比方說 10 個骰子中有 5 個「R」，我們能分辨所有不同的特定組態，我們可以說出哪一個骰子是「R」，哪一個是「L」，就如在圖 7.1 或圖 7.4 中那樣清楚看出。這在原子世界中是做不到的，能知道或量測到的，僅是空間 R 中原子的個數，

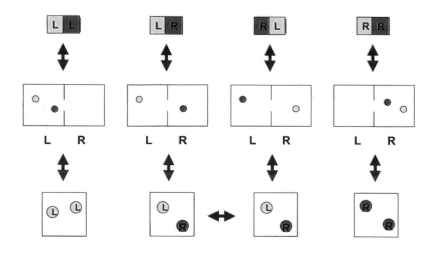

圖 7.4

而不是哪一個特定的原子在 R 或 L 中。因此在圖 7.4 顯示的系統中，我們分不出這兩種特定組態：「藍色粒子在 L，紅色粒子在 R」及「藍色粒子在 R，紅色粒子在 L」，這兩種狀態合併為一種表象組態：「一個粒子在 L，一個粒子在 R」。

當只說明 R 中的粒子數（相當於說明 L 中的粒子數目），而不管個別原子在 L 或 R 中的細節時，我們稱此組態為表象組態。很明顯，每一個表象組態包含很多特定組態（除了全部是 R 或全部是 L 的組態）。應該再次注意到我們所能量測或監測的，是 R 中粒子的總數或任何與此數目成正比的數量（即顏色的深淺、氣味、密度、壓力等），我們無法像在骰子遊戲中那樣「看到」特定的組態

由於這相當重要，我們再一次描述表象組態及與其相當的特定組態，之間的區別（圖 7.5）。

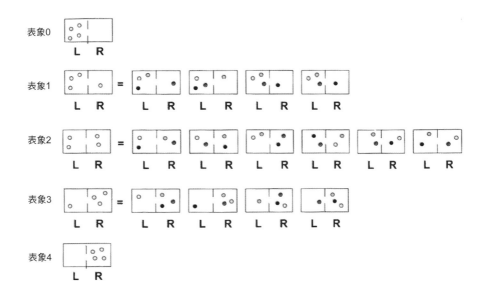

圖 7.5

　　為了釐清特定組態間的差異，我們把粒子著不同的顏色。在原子或分子的粒子系統中，沒有標籤（或顏色）來區分兩個一樣的粒子，我們能看到或量測到的為表象組態，如圖 7.5 的等號左邊。但要強調的是，即使我們分不出各個特定組態，它們確實對表象組態的機率有貢獻。假設每一特定組態的可能性相同，[3] 因此每一個表象組態的機率，是組成這個表象事件中所有特定事件機率的點數和。你可以想成圖 7.5 右邊所有的特定事件，合併為左手邊的表象事件。五個表象事件的機率是 1/16、4/16、6/16、4/16、1/16。

　　現在到了回答真實實驗的三個問題：「是什麼東西」，「如何改變的」和「為什麼」了。如同骰子遊戲，「是什麼東西改變了」的問題有很多答案。例如，我們可以看到擴散時顏色深淺的演變，可以監測密度、味道或嗅味隨時間的變化，甚至可以計算每一個空間中，

粒子大概的數目隨時間的改變。從空間 L 有 N 個原子出發,當打開小洞或移開隔板時,L中原子的數目n隨時間穩定下降直到不再改變。

「是什麼東西」這個問題的答案,和前一章中的答案完全一樣,也就是表象組態是那個會觀測到的改變。它變化時,有一些性質跟著改變了,我們可以看到、聽到、嗅到、嚐到或用巨觀的儀器量測到。因此,將這個實驗與前面骰子遊戲的分析相比較,我們就能回答這個實驗中的問題「是什麼東西改變了」;唯一的差異是,這兒「組態」的定義為兩個不同空間 R 及 L 中的粒子,而在骰子遊戲中,組態是擲骰子的結果 R 和 L。一旦把骰子遊戲和氣體擴散做了相似性的對應,我們對問題「是什麼東西改變了?」就有了相同的答案。稍後我們將回到這個問題:什麼是描述所有這些過程中,共有的東西的最好的量。

現在進行到下一個問題:「我們如何從初始狀態到達最終狀態?」在骰子遊戲中,是我們規定了遊戲規則,所以問題的答案是直截了當的;改變按照既定的規則。在真實實驗中,相同問題的答案不一樣,原則上運動方程式支配所有粒子在位置及速率上的變化。而在一個非常多粒子的系統中,我們可以應用機率定律;[4] 我們可以含糊的說:我們從所有粒子都有精確的位置和速率的資訊開始,短時間後系統將喪失這份資訊。由於隨意碰撞及牆壁的粗糙性,用統計定律描繪系統的演變,較力學定律更為恰當有效。[5]

因此,我們可以有效運用類似骰子遊戲中的機率論點,即有一個隨機的要素,讓任一粒子有「機會」從 L 移到 R 或從 R 移至 L。於是對於「如何改變」這個問題的答案,雖然不全然但實際上與骰子遊戲的答案一樣。我們也看到在骰子遊戲中,精準的規則不是非常重要,重要的是每一個骰子有「公平」的機會,以隨機的方式改變。這個論點也適用於氣體擴散的真實實驗,即每一個原子或分子

必須有「公平」的機會從 L 到 R 或從 R 到 L。

　　假如移除了隨機這個元素，系統就不會依據第二定律演變。在第六章中，我們訂定規則，使結果或者完全不變，或者從「全 0」變成「全 1」，也就是在兩個極端組態中擺盪；同樣的，我們能想像一個不依照第二定律演變的分子系統。

　　思考下面兩個「假想實驗」。假設所有粒子開始時同步向上移動，如次頁圖 7.6a 所示，假如牆壁是完美無暇的平面，沒有不規則、沒有粗糙點，且完全與原子運動的方向垂直，那麼我們會看到粒子永遠上下運動。即使隔板移開後，所有最初在空間 L 的粒子仍會留在 L，第二定律無法操作這個系統的運作。[6]

　　第二個「假想實驗」如圖 7.6b 所示。依然從所有粒子都在 L 中開始，現在粒子從左至右和從右至左沿直線移動。開始時所有粒子以相同的速率同步移動，粒子的移動軌跡一致，撞擊隔板後彈回；假如我們移除隔板，粒子束會同步從 L 移至 R，再從 R 回到 L，一直無止盡移動下去。在這兩個「假想實驗」中，沒有受第二定律支配的變化發生。事實上這種過程在真實實驗中做不到，這就是為什麼我們把這個過程稱為「假想實驗」。

　　很明顯的，真實的牆面一定有些缺陷，即使我們可以從上述任何一個同步進行的初始狀態開始，機率定律會很快掌控而使第二定律一路運作下去。

　　在熱力學中，我們對一個系統如何從初始到最終狀態不感興趣，重要的是兩者之間的差異。這兒我們透過放大鏡看到個別粒子運動的細節，以建立骰子遊戲的規則和氣體擴散規則的相似對應。是進行到下一個也是最重要的問題「為什麼」的時候了。

　　在第六章我們注意到骰子遊戲的「為什麼」的答案，也適用於氣體擴散的案例，氣體從較低機率的表象組態進行到較高機率的表

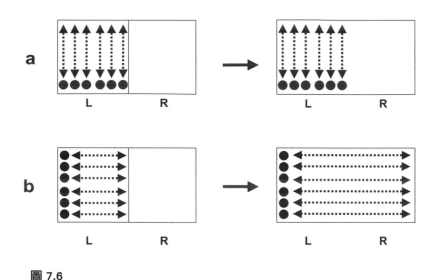

圖 7.6

象組態。這兒特定組態的意思是「個別粒子在空間的詳盡說明」。
表象組態（是我們唯一能監測到的）是「粒子在空間 R 的數目」。
假如你了解第四章至第六章關於系統從初始到平衡狀態演變的論
點，你也能了解本章描述的物理系統的演變。我們看到了即使是 10^4
或 10^5 個骰子，回到初始狀態的機率是微乎其微的，因此結論是：
只要系統到達平衡線附近，它會「**永遠**」停留在那兒，「**絕不會**」回
到初始狀態。這種說法對有 10^{23} 個骰子或粒子的系統就更加是真。

　　如同骰子遊戲，我們強調沒有自然定律說，系統應該由黃變
綠，或由有序變為無序、從較小的 MI 到較大的 MI。所有這些若不
是看得到的現象，就是監測系統演變的方式。系統演變的基本緣由
明顯而自明，任何系統永遠在較高機率的狀態停留較長的時間，當
N 非常大時，比方說是 10^{23} 的數量級，「高機率」會變成「確定」。
這是熱力學第二定律的神髓，也是基本的常識定律，就是這樣。

7.2 骰子世界與異化過程的相似性

在描繪骰子遊戲演變和氣體擴散實驗的相似性時，我已經完成了任務：引導你了解熱力學第二定律的運作。但我還想描述另一個骰子遊戲與物理實驗對應的例子。這個新增的例子不會讓你對第二定律有新的了解，但可能增加一個由熱力學第二定律支配的自發過程的例子。介紹這個例子的動機主要基於美學的理由，請聽我解釋為什麼。

熵增加的自然過程是由同樣的常識定律來驅動的，即愈可能的事件，發生的頻率愈高。我們只看了一個這樣的物理過程，也就是氣體的自然擴散，當然還有其他更複雜的過程，如化學反應、兩種液體的混合、蛋摔下來的潑濺等等。精準定義第二定律運作的系統狀態不是永遠容易的事，在教授熱力學時，依照過程所包括的狀態的型態來分類，是慣用並富有教育意義的，用資訊而非欠缺資訊的用語來說，我們依據所失去資訊的形式再細分過程。

在擴散過程中，個別粒子最初在較小體積 V 中，擴散後到了較大的體積 2V，因而較「難」確定粒子的位置，這也相等與我們對粒子的位置有較少的資訊。在兩個不同溫度的物體熱傳導過程中，資訊量有更細微的改變；在過程前，熱物體有一種能量（速率）分布，冷物體有另一種速率分布，兩者接觸達到平衡後，兩物體中所有的粒子有了單一的速率分布；我們在後面會再討論這個過程。在更複雜的過程如蛋的碎裂，就很難定義所失去資訊的型式；而其他例子中，失去的資訊可能是位置、速率、方位等等。這是非常複雜的過程，有時超過我們描述的能力。

在骰子遊戲中，我們有 N 個相同的骰子，每一個骰子有兩個（或更多）的狀態，例如「0」和「1」、黃色和藍色、「R」和

「L」。在擴散過程，我們把骰子的兩種結果和同類粒子（氫原子）的位置做對應，這是可以的。我們可以把在空間 R 中的原子，用 R 原子表示，同樣把空間 L 的原子表示為 L 原子。表面上這是正確的，但在美學觀點上不甚令人滿意，因為原子與生俱來相同的本質在過程中沒有改變；換言之，我們把骰子結果與粒子的位置做了對應。

來介紹一個新實驗，它是有關第二定律的，但這兒骰子遊戲和物理過程的對應更為真實有理，在美學觀點上亦更讓人滿意，我們將把骰子結果和粒子身分做對應。

經歷這個過程也讓我們有一些小小「額外的紅利」：我們可以想像在真實的實驗裡，追蹤系統隨時間變化的顏色、氣味或味道。

來看一個有順式和反式兩種同分異構物的分子，如圖 7.7 所示。

從純順式分子開始，系統可能有一段長時間不變，假如我們加入了催化劑（效果如同移除了隔板），可以看到從百分之百的順式，自然變化成順式和反式的混合物，統計力學可以計算平衡時兩種同分異構物濃度的比例。在這個特定的反應中，我們能確定熵變化有兩種不同的原因，相當於兩種資訊的改變；一種與分子身分（順或反）相關，另一種則涉及兩種物質內部自由度有關的能量再分布。

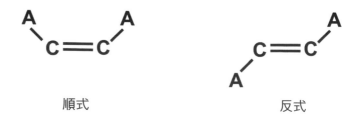

順式　　　　　　　　　　　　　　　反式

圖 7.7

有一個特別的化學反應例子，其中只有分子身分改變（兩種物質的內部自由度相同），這個案例是兩個光合異構物，或兩個旋光性分子，它們有完全相同的化學結構和組成；唯一的不同是彼此互為鏡像。圖 7.8 所示就是這樣的分子。

丙胺酸 l　　　　　　　　　　丙胺酸 d

圖 7.8

我們稱圖 7.8 這兩個丙胺酸同分異構物為 d 和 l〈d 代表 dextro（右），l 代表 levo（左）〉。[7]

這兩個分子有相同的質量、相同的慣性、相同的內部自由度以及相同的能階組。因此當我們進行從 d 變為 l 的「反應」時，系統唯一的改變是不可分辨的粒子的數目。來做下述的實驗，[8] 從有 N 個 d 型的分子開始，放入能引起 d 到 l 或 l 到 d 自發轉換的催化劑，我們能證明當系統達平衡時，有約 N/2 的分子為 d 型，N/2 的分子是 l 型。[9] 我們也可以計算這個過程中，熵的改變，發現它和我們前面討論的氣體擴散過程完全一樣；但是「驅動力」是不同的，我覺得骰子遊戲和這個過程的對應，更讓人滿意且更「自然」。

要了解這點，注意在兩個實驗中，我們做了下面的對應：

特定的骰子⟷特定的粒子

在擴散實驗中，我們也作了下面的對應：

特定的骰子結果←→特定的粒子位置

在第二個稱為異化的實驗中，對應如下：

特定的骰子結果←→特定身分的粒子

因此，在擴散過程中，從初始到最終狀態的演變，包括粒子位置資訊的改變，而在異化過程中改變的是粒子的身分[10]，這與我們在骰子遊戲中監測的失去資訊是同一種型式。

骰子和這個過程中粒子的相對應，如圖 7.4 的下部。

在骰子遊戲和異化過程中，發生了粒子身分改變的演進。我們從 N 個全是「0」的骰子及全是 d 型分子的真實實驗開始，過了一段時間之後，N/2 的骰子變為「1」，同時 N/2 的粒子變成新的身分 l 型；[11] 這種對應較骰子遊戲與擴散過程的對應，更為平順自然。系統的演變可以用跟氣體擴散完全相同的方式描述。只要把 d 和 l 以 R 和 L 取代，你就能了解實驗的演變。如前面圖 7.1 及圖 7.3 所示，我們也在圖 7.9 中顯現出異化過程的三個階段，以及擴散過程及骰子遊戲的對應關係。

在這兩種過程中「是什麼東西改變了」及「為什麼」，答案一模一樣，「如何改變的」，答案則有些不同。[12] 無論如何，我們在上面看到，問題「如何改變的」，對了解第二定律並不重要，重要的是熵在初始和最終狀態的差異。

現在，附加一提：在第五章我們討論一些假想的過程，在骰子系統裡監測顏色、味道或嗅味的變化。

原則上，這些過程可以是真的。假設有兩種同分異構物，具有不同的顏色、嗅味或味道，以它們進行自發轉變的實驗；我們追蹤

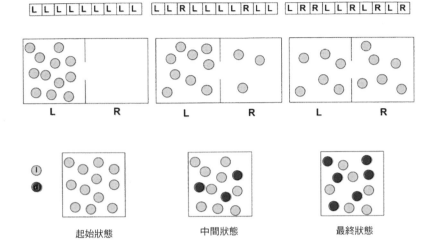

圖 7.9

從藍到綠的變化（如第五章的第一個例子），或從嗅味 A 變成嗅味 A 加 B（第二個例子），及從酸味變成甜酸味（第三個例子）；在均勻的系統裡能連續監測這些變化。[13]

　　音調改變的物理實驗（第四個例子）不容易找到，因為單一的粒子不會發出聲波。也不可能找到類似第五章最後一個例子的實驗，因為溫度是複雜的連續速率分布的現象，我們在 7.5 節中會討論溫度變化的過程。

　　到現在應該清楚了，不管是骰子遊戲、擴散過程或異化過程（圖 7.9），改變了的東西是什麼（我們稱為熵），以及它為什麼依特別的方式改變。

7.3 系統向平衡狀態演變的總結

我們再次思索圖 7.2 描述的簡單實驗，從 L 中有 $N=10^{23}$ 個粒子開始。特定組態是每一個別粒子在空間 L 或空間 R 的詳盡描述，表象組態是 L 及 R 中粒子的數目，只要隔板存在，表象組態或特定組態都沒有變化，[14] 系統不會演變成更多的狀態。

現在把障礙移除。新的特定組態總數是 2^N。每個粒子不是在 L 中，就是在 R，在系統演變到平衡的期間，整體組態數 W 是固定的。

很明顯，障礙一旦移除，我們就可以觀察到變化，它可能是顏色、味道、嗅味或密度的改變，這是原理相同而用不同形式展現的過程。是什麼東西改變了？所有不同形式中共同都有的東西是什麼？

改變的東西是表象狀態或表象事件，它可以有很多方式來表示，或給這些表象狀態一個數目，把它們畫出來以追蹤數目的改變。它為什麼改變？不是因為有自然定律說，系統必須從有序變成無序，或從較小的 MI 變成較大的 MI；不是表象組態的機率改變（這些都是固定的）；[15] 是表象組態自己本身改變，從較低機率的表象組態改變為有較高機率的表象組態。

我們立刻來追蹤系統移除障礙後的狀況，為了簡化，假設開了一個很小的洞，在一小段時間內只有一個粒子會通過。在打開小洞時，表象組態只有一個特定組態（沒有粒子在空間 R），很明顯，當東西開始隨意移動（骰子遊戲或真實氣體碰撞牆壁，偶爾撞到洞），第一個粒子經過小洞，從 L 到達 R，得到新的狀態，表象 1。

我們在第四章中很詳細觀察過，系統有很高的機率往上或停留在原位階，而往下到低的表象組態，則機率很小。理由很簡單，N 中的任一個粒子，跨越 L 和 R 邊界的機率 p1 都一樣（p1 由運動速

率、洞的尺寸等因素決定），不管 p1 是多少，從表象 1 到表象 0 的機率，是 R 中單一粒子跨越邊界至 L 的機率 p1；另一方面，從表象 1 到表象 2 的機率，比 p1 大 N–1 倍，因為有 N–1 個粒子在 L，每一個粒子有相同的機會從 L 到 R。

　　這個論點就能解釋系統有較高機率從表象 1 到表象 2，從表象 2 到表象 3 等。每一個較高的表象組態，有較多數目的特定組態，因而有較大的機率。如我們在第三章、第四章所見，這種系統向上的傾向在開始時最強，而向平衡線及表象 N/2 進行的過程中，變得愈來愈弱。平衡線是有最高機率的表象組態，因為它包括最大數目的特定狀態。

　　我們要小心區分屬於表象組態 –N/2 的特定狀態數目，以及系統狀態的總數 W（全部）。這兩個數字不同，後者是包含在所有可能的表象組態中的特定組態總數。例如，N=10 時，我們得到 [16]：

$$W（全部）=W（表象 0）+W（表象 1）+W（表象 2）+\cdots\cdots$$
$$=1+10+45+120+210+252+210+120+45+10+1=2^{10}$$

　　如我們在第二章、第三章討論的，表象事件的機率就是表象事件所含特定事件機率的點數和。例如，當 N=10 時，表象 1 有 10 個特定事件，每一特定事件的機率是 $(1/2)^{10}$，**表象事件的機率是它的10 倍**，即

$$機率（表象 1）=10\times(1/2)^{10}$$

　　對於表象 2，我們有 $10\times9/2=45$ 個特定事件，所有特定事件的機率都是 $(1/2)^{10}$，於是表象 2 的機率是：

$$機率（表象 2）=45\times(1/2)^{10}$$

列出 N=10 的所有表象事件機率如下表，再次提醒，最大值位於表象 N/2 或表象 5。

表象事件	特定事件數	機率
表象 0	1	$1/2^{10}$
表象 1	10	$10/2^{10}$
表象 2	45	$45/2^{10}$
表象 3	120	$120/2^{10}$
表象 4	210	$210/2^{10}$
表象 5	252	$252/2^{10}$
表象 6	210	$210/2^{10}$
表象 7	120	$120/2^{10}$
表象 8	45	$45/2^{10}$
表象 9	10	$10/2^{10}$
表象 10	1	$1/2^{10}$

圖 7.10 顯示不同 N（N=10、N=100 和 N=1000）之各表象事件所含特定事件的數目，圖的下半部是相同的數據，以表象事件的機率來表示。

圖 7.10 很清楚顯示出，當 N 增加時，屬於最大表象事件的特定事件數目，也變得非常大，但是最大表象事件的機率隨 N 增加而減少。於是，當 N 增加時，表象事件的機率分布於較大的範圍。圖 7.10 下半部看到 N 愈大時分布曲線愈尖銳，表示 N 愈大時，以絕對值而言，與最大表象事件的偏差愈大，但若相對於 N，則與最大表象事件的偏差愈小。

例如，當 N 很大時，發現偏離最大表象事件 ±1%的機率變得很小。

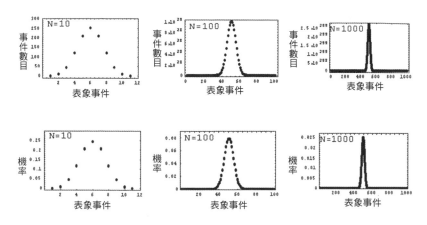

圖 7.10

下一步，我們計算系統在任何表象組態，例如從 N/2–N/100 到 N/2+N/100 間的機率，即系統在最大表象狀態附近（N 的 ±1%）的機率。當 N=10,000 時，機率幾乎是 1（見圖 7.11）。當 N 是 10^{23} 的數量級時，與最大表象狀態偏離 0.1% 或 0.001% 時，仍能發現系統在平衡線及其附近的機率為 1。

我們發現的事實，對了解熱力學第二定律很關鍵且重要。最大表象 N/2 的機率隨 N 增加而減少，然而當到 10^{23} 數量級這種非常大的 N 時，在平衡表象狀態附近非常窄的距離內，系統幾乎確定不變（即機率近乎 1）。當 N=10^{23}，我們允許偏離平衡線極端微小的範圍，然而系統大部分的時間，都會在平衡線附近狹窄範圍內的表象狀態上。

再次強調，在最終平衡狀態時，特定狀態的總數是 2^N，所有的特定狀態都有相等的機率，因此造訪任何一個狀態的機率都極低 $(1/2)^N$。但是由於各個表象狀態（全部只有 N+1 個表象狀態）有不同

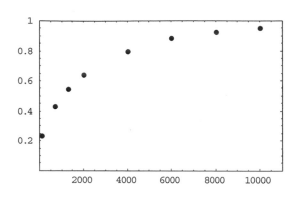

圖 7.11

數目的特定狀態,而各有不同的機率。在最大表象 N/2 及其附近的表象狀態,機率趨近 1,即幾乎與總特定狀態有相同的機率。[17]

現在是來弄清楚平衡線和系統平衡狀態關係的時候了。平衡時,實驗系統有較大部分的時間在平衡線上,比所有其他表象狀態都多些,但也並不是所有的時間都在平衡線上。系統的實驗或熱力學平衡狀態,是所有的特定事件 W(全部)都可以發生的狀態,並且有相同的機率。但是,因為我們無法分辨那些離平衡線很近的表象狀態,系統幾乎把所有的時間都花在平衡線附近。偏離型態有二種,當偏離很小時,它們會發生,而且常常發生,但是我們看不到;另一方面,我們可以看到大的偏差,可是它們鮮少發生以致於我們「**絕不會**」看到。於是,系統的平衡狀態幾乎和平衡線及其附近的表象事件一致。

因為此論點非常重要,我們會用些微不同的說法,重複這個論述。

考慮下述實驗,從兩個具有相同體積 V 的空間開始;一個空

間有 N 個標示 1, 2,……, N 的粒子，第二個空間有 N 個標示 N+1, N+2,……, 2N 的粒子。[18] 現在移除分隔兩個空間的隔板，經過一段時間，我們問：「觀察到和初始狀態一模一樣的機率是多少？」答案是 2^{-2N}；第二個問題：「觀察到正好 N 個粒子在個別空間的機率是多少？」這個機率大很多，[19] 但是它隨 N 增加而降低，如圖 7.10 所示。雖然看到表象 N 狀態的機率，遠大於看到任何其他單一表象狀態的機率，但這個機率依然很小；實驗真正看到的並不確實是表象 N，而是一群在平衡線表象 N 附近的表象狀態，這個附近區域包括所有在實驗中無法分辨彼此的表象組態。[20]

其他更複雜的過程呢？

我們詳細討論了氣體擴散過程，在過程中只選擇一種參數來描述事件的演變，即粒子位於 L 或 R。在異化實驗中，我們也只選擇一種參數描述事件，即粒子是 l 或 d 型。所有擴散過程的語言在文字上都可以轉譯為異化實驗，只要把「在 L」或「在 R」用「l 型」或「d 型」來取代。

當然有更複雜的過程得使用更多的「參數」描述，分子在這裡或那裡、有一種或另一種速率、是這個或另一個同分異構物（或較大分子的構型）等等。

要理解第二定律，搞懂最簡單又最好的那個過程就足夠了，這就是我們一直在做的。所有過程的原理都一樣，只有細節不同；有些易於描述，有些較為困難。有些過程太複雜，我們仍然不知道怎麼去描述；有時，甚至不知道過程中包含多少參數。接下來我們來簡單描述一些複雜度較高的過程。

7.4 三種成分的混合

從三種不同的氣體開始，N_A 個 A 分子在空間 V_A 中，N_B 個 B 分子在空間 V_B 中，N_C 個 C 分子在空間 V_C 中（圖 7.12）。

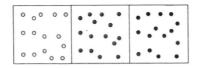 

圖 7.12

移除分隔三個空間的隔板，看會發生什麼事。假如分子的顏色相同，是看不到什麼不同的，但可以在每一點量測各種分子的密度或濃度，並記錄其變化；假如分子有不同的顏色、味道或嗅味，就可以追蹤顏色、味道或嗅味的演變。

但是，我們怎麼用單一的數目，描述這個我們所看到正在改變的東西？即使是這些滿簡單的實驗，建構數字「指標」來記錄系統演變也不容易。第一，我們必須定義系統的特定事件，特定事件可能是「A 型分子 1 在空間 V_A，A 型分子 2 在空間 V_B……B 型分子 1 在空間 V_C，B 型分子 2 在空間……等等」。這實在是非常冗長的描述。

我們很清處，這些事件中有很多我們無法無法分辨它們彼此；例如，特定事件「A 型分子 1 在空間 V_A，A 型分子 2 在空間 V_B，等等」與特定事件「A 型分子 1 在空間 V_B，A 型分子 2 在空間 V_A 等等」，「等等」是假設剩下的所有其他分子的位置，有同樣的描述。

下一步，我們定義表象事件，即「1 個 A 分子在 V_A，15 個 B 分子在 V_B，25 個 C 分子在 V_C 等等」這兒我們不在乎個別空間中分子的標識，重要的是任 1 個 A 分子在 V_A，任 15 個 B 分子在 V_B，任 20

個 C 分子在 V_c。

　　做了這些說明後，我們需要計算所有這些表象事件的機率，以一般案例而言這並不容易。使用和擴散實驗中同樣的假設，即所有特定事件的機率相同，等於 1/W（全部）；於是，每一表象事件的機率，只要加總表象事件所包含的特定事件的機率，就可以得到了。但是，在這個例子中，表象事件不是如氣體擴散過程，用單一的數字來表示。為了監測表象事件的演變，我們需要一個數字 MI，MI 就是在表象狀態已知時，為了找到系統的特定狀態，所需問的是非題的題數，這個數字是系統的熵，由每一表象組態來定義。[21] 這個數字可以用來監測系統從移除隔板至到達最終平衡狀態的演變，這樣做我們會發現 MI 在過程中是增加的。

7.5 從熱氣體到冷氣體的熱傳導

　　第五章描寫了骰子與溫度改變的「實驗」，在那兒我們說到這是極端不真實的實驗，這裡將討論一個涉及溫度改變的真實實驗。基於下述的理由，這個實驗很重要。第一，它是典型的熵增加過程之一，事實上是建構第二定律最簡單的過程之一（見第一章）；第二，重要的是它能示範這個過程中，變化的東西和其他過程一樣，即為 MI；最後，說明我們無法為這個過程設計出簡單骰子遊戲的理由。

　　考慮下面的系統，最初有兩個絕緣空間，具有相同的體積和氫原子數，但溫度不同，分別是 T_1=50K，T_2=400K（次頁圖 7.13），讓兩者接觸（或在兩者間放一個導熱隔板，或只要把隔板移開讓氣體混合），我們會看到熱氣體的溫度下降，冷氣體的溫度上升，平衡時，整個系統達到均一的溫度 T=225K。

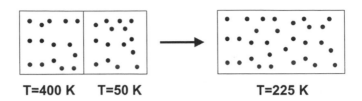

T=400 K   T=50 K   T=225 K

圖 7.13

　　很清楚的，熱或熱能從熱氣體傳導至冷氣體，為了解這個過程中熵如何變化，我們需要用到一些數學；這裡我試著將這個過程中熵的變化，賦予一些定性的感覺。

　　首先，溫度與分子速率的分布相關。圖 7.14 的曲線說明最初兩種氣體的速率分布，你看到低溫氣體的分布範圍較窄，而高溫氣體的分布範圍較寬。熱平衡時，分布介於兩個極端之間，如圖 7.14 中的虛線。

　　我們對實驗的觀察，是以分子速率分布的改變這種分子層面來解釋。一些較熱氣體的動能傳遞給較冷的氣體，而在最後平衡時，達到新的中間分布。

　　現在來看圖 7.15 的兩條曲線，我們畫出了系統在熱接觸前後的速率分布。你能說出哪一種分布較為有序或無序？你能說出哪一種分布，動能分散的幅度較平均，或範圍較大？[22] 在我看來，最終的分布（虛線）較為有序，比較沒有分散到大的速率範圍。這顯然是非常主觀的看法，為了這個及下一章要討論到的一些其他理由，我相信「無序」或「能量分布」都不是熵的恰當描述；反之，資訊或 MI 是恰當的描述。不幸的是，我們需要一些數學來表現這個事實，這兒我只引述夏濃在 1948 年證實的結果[23]：最終的速率分布是具有最少資訊或最大 MI 的分布。雖然在曲線中看不出來，但可以用數學

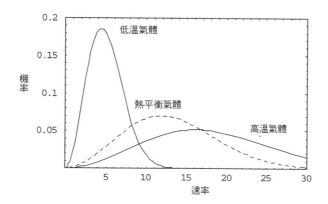

圖 7.14

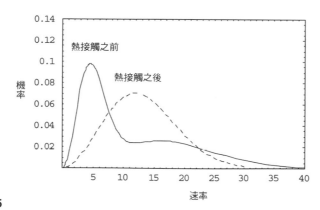

圖 7.15

方法證實，這兒再次我們得到一個與熵相關的單一數字，我們並可以監測它的變化。[24]

　　最後，回想第五章中描述的非真實的骰子遊戲，骰子只有兩個狀態，熱和冷，並具有相同的機率。為了使實驗更真實，應該發明一種具有無窮盡面向的骰子（每一面相當於不同的分子速率），也

必須改變遊戲規則來描述朝向平衡的演變（不能隨意改變粒子的速率，總動能必須不變），所有的這些規則在骰子遊戲中都很難執行。於是，你應該小心不要從第五章的特例中推論任何東西，即使它接近真實的物理系統。

在這個例子中，我們追蹤一個參數——溫度。但是溫度是由無窮盡的參數（所有可能的速率）決定的。當然，不可能追蹤每一粒子的速率，我們追蹤的是溫度，它是分子平均速率的量度。但是，這個我們稱為熵，且會改變的東西，只不過是「欠缺的資訊」這個數量的改變，這個數量可以用兩種氣體接觸前後的速率分布來表示。

這個過程的「驅動力」也與擴散過程及骰子遊戲相同，系統將從低機率狀態移動至較高機率狀態。

事件一旦有更多的參數來描述，計數就愈發困難。很快我們到達了這些不可能描述的過程（如從蛋撞擊地板開始，到它達到平衡；假設蛋和地板在一個盒子中，盒子與其餘的世界隔絕）。這些過程中，分子改變了位置、速率分布、內部狀態如振動、轉動等，這些都是不可能描述的，更別說要計算不同事件的機率。但是，我們相信支配這些變化的原理和簡單的擴散實驗是一樣的。原則上，我們相信有一種稱為熵的量，它最好是用「欠缺的資訊」（MI）來描述，在隔絕系統中進行任何過程時，它都朝一個方向變化。換言之，第二定律掌管運作的多種事件，在這些過程中都呈現出來了。

把生命過程都包括在第二定律掌管的過程中好像不賴，但是我認為以目前這階段我們對「生命」的了解，這樣做是不成熟的，我們不可能描述並列舉生命變化過程的所有「參數」。我個人相信生命及其他任何無生命的過程也都由第二定律支配，在下一章中我會對生命過程有進一步的看法。

我們看到，我們會用幾個「層級」來描述會改變的東西，在最

基礎的層級，會改變的東西是特定狀態，或系統的特定組態；特定的骰子從 2 變為 4。在擴散過程中，特定的粒子改變位置，從「L」到「R」；在異化過程中，特定粒子從「l」變為「d」。我們可以監測的東西是表象狀態的性質，每一個表象狀態包含很多很多的特定狀態，我們不在乎辨別這些特定狀態（如同我們只追蹤 N 個骰子結果的點數和），或原則上亦無從分辨（如同個別特定粒子從 L 移到 R）。監測的東西是我們可以量測（溫度、電磁波頻率、密度等），或可以用五官來感覺（顏色、嗅味、冷熱等）的；假如我們要用一個數字或指數去監測系統的演變，最好且最常用的就是「欠缺的資訊」或相當的「熵」。

為什麼系統從一個表象狀態變為另一個表象狀態？只是因為新的表象狀態包括更多的特定狀態，因而有較大的機率，於是系統在新的表象狀態停留更多的時間。

最後，為什麼當系統到達平衡狀態，它會「**永遠**」停留在那兒？只是因為接近平衡線的那些表象狀態，含有的特定狀態數目極大，且每一個特定狀態都貢獻了相同的機率。

因此，系統總是從低機率的表象狀態進行到高機率的表象狀態，相當於說有較高機率發生的事件，會較常發生，這種說法不過是常識。當粒子數很大時，同　表象狀態所包含的基本事件，數目非常大，以致於這些接近我們稱為平衡狀態的平衡線表象狀態，發生的頻率實質上等於 1。因此一旦到達這個狀態，它就會「**永遠**」停留在那兒；這正是我們在第六章骰子遊戲中所得到的相同結論。

現在你已完全了解兩種過程演變的理由，這兩種演變過程是：理想氣體擴散和異化過程。願意的話，你可以制定自己的第二定律版本：具有初始體積 V 的理想體體，總會自發擴散到較大的體積，比方 2V；假如系統是孤立的，你絕不會看到逆向過程發生。很容

易看出這個說法相當於克勞修斯或凱文對第二定律的論述（見第一章）。為了證明這種說法，假設不遵循你對第二定律的論點，即有時體積 2V 的氣體會自動壓縮成體積 V，上述現象若發生，你就可以製造一個簡單的提重物裝置，只要放個重物在壓縮氣體上，等氣體再擴散即可。你也可以藉自發擴散把熱從冷物體傳到熱物體。這個招術和用來證明凱文和克勞修斯的第二定律的論述一樣。

7.6 測驗你對第二定律的了解

現在，你搞懂了骰子遊戲中的第二定律，你看到了從骰子語言轉譯為箱子中真實粒子的語言，到了用圖 7.2 中相同的實驗來考考自己的時候了。假設你從來沒聽過第二定律，但知道並接受下面的假設 [25]：

1. 物質含有非常多的原子或分子，數量級為 10^{23}。
2. 在一個含有 10^{23} 個原子的理想氣體系統裡，有很多特定狀態（或特定事件或特定組態），它們都有相同的機率。
3. 所有的特定組態組可群組於不同的表象組態（如圖 7.5）。
4. 每一表象事件（表象 0，表象 N 以外）都含有巨大數目的特定組態，而我們無法分辨各個特定組態（例如圖 7.5 之右手邊的組態）。
5. 每一表象事件的機率，是組成該表象事件所有特定事件的機率點數和，系統停留在各表象狀態的相對時間，與它的機率成正比。
6. 有一個表象事件含有最大數目的特定事件，系統於是花較大

部分時間在這個最大事件上。

7. 我們分不出只有少數粒子不同的表象事件，例如表象 10^{23} 和表象 $10^{23}\pm1000$ 或表象 10^{23} 和表象 $10^{23}\pm10^6$ 之異同。

最後一個假設 7 是關鍵所在，我覺得在解釋第二定律的教科書中，沒有充分強調這個假設（事實上，它是事實！）的重要性。沒有這個假設，固然可以跟得上建構第二定律的所有論述，但最終可能無法到達這個結論：熵在平衡時應該全然停滯不變，熵不應僅僅朝一個方向（向上）改變。在平衡時的確看不到熵減少，僅看到自發過程中熵增加，有下面兩個理由：

1. 小波動會發生，而且經常發生，但從來看不到也量不到它們，這是因為它們太小而看不到或量不到。
2. 大波動可以觀察及量測，但它們極端罕見，所以「**絕不會**」觀察到或量測到。

現在我來提問，你來試著回答。答案就在題目下方，請核對。

我們從 N 個粒子在體積 V 的系統開始（N 非常大，其數量級為 10^{23}），用較簡單的系統（圖 7.2）來說明，開始時兩個空間由隔板分離，粒子不能跨越邊界。

問：你會看到什麼？
答：什麼都沒有。任何可量測的量在系統的每一點都相同，這些量不隨時間變化。

下一步，我們在隔板開一個小洞，洞很小，在很短時間內，如 t=10^{-8}

秒,只有一個粒子能撞擊小洞跨越邊界。[26] 在這個時段內,特定粒子撞擊跨越小洞的機率為 p1,由於原子都是一樣的,任何特定粒子都有相同的機率 p1。

問:任一粒子在此時段內,撞擊跨越小洞的機率是多少?

答:很明顯,因為假設洞很小,沒有兩個粒子在時段 t 內,能同時跨越小洞,粒子 1 的跨越機率是 p1,粒子 2 的跨越機率是 p1,以此類推。第 N 個粒子的跨越機率是 p1,由於所有的事件都不相關,所以任何粒子跨越的機率是 p1 的 N 倍,或 N×p1。

問:第一時段 t 內發生了什麼?

答:或許有 1 個粒子會從 L 到 R,或者什麼都沒有發生。

問:假設我們再等一段時間 t,直至第 1 個粒子跨越,哪一個粒子會跨越小洞?

答:我不知道哪一個粒子會跨越小洞,但確定不管哪一個粒子跨越,一定是從 L 到 R。

問:為什麼?

答:因為沒有粒子在 R,所以第一個跨越小洞的一定來自 L。

問:現在等更多的時段,直至下一個粒子跨越小洞,會發生什麼?

答:因為現在有 N–1 個粒子在 L,只有一個粒子在 R,L 中任何 N–1 個粒子之一撞擊跨越小洞的機率,大於單一粒子從 R 跨越到 L 的機率,所以我們看到第 2 個粒子從 L 至 R 的可能性遠大於從 R 至 L,贏率是 N–1 比 1。

問:讓我們再等下一個粒子跨越小洞,會發生什麼?

答：再一次，粒子從 L 到 R 與從 R 到 L 的相對機率是 N–2：2，粒子
　　從 L 到 R 的可能性大很多

問：那下一步呢？

答：同樣的，現在粒子從 L 至 R 的機率是 N–3：3，略小於上一步，但
　　因為 N=10²³，可能性還是壓倒性的有利於粒子從 L 到 R。

問：那下面幾百萬或幾十億步呢？

答：同樣的，每次的答案都一樣，假如有 n 個粒子在 R，N–n 個粒子
　　在 L，且 n 比 N/2 小很多，幾百萬、幾十億或百萬兆與 10²³ 比起
　　來還是很小，粒子從 L 到 R 的或機率遠高於從 R 到 L。

問：當 n 等於或幾乎等於 N/2 時，會發生什麼？

答：從 L 到 R 的贏率約為（N–n）：n，當 n 約為 N/2 時，即約為 N/2：
　　N/2，贏率現在幾乎是 1：1。

問：那，下一步會是什麼？

答：會發生是一回事，看到是另一回事。會發生的事，平均來說有相同
　　數目的粒子從 L 到 R 或從 R 到 L，卻看到沒任何變化。假如 n 偏
　　離 N/2 幾千個或幾百萬個粒子，我偵測不到這麼小的差異，但是假
　　如很大的偏離發生時，我可能看到或量得到，但是這種偏差非常不
　　容易發生，因此「絕不會」看到。

問：那從現在開始，你會看到或量測到什麼？

答：看不到也量測不到任何變化；系統達到平衡狀態，在 L 及 R 中的
　　粒子數目幾乎相等。

問：你通過測驗了。再來一個問題測驗你是否了解異化過程。假設從 N
　　個都是 d 型的分子開始，放入一小片催化劑，任何一個分子撞擊這

片催化劑時，就有 p1 的機率從 d 變成 l 或從 l 變成 d，你在這個系
統內會觀察到什麼？

答：答案和前面一模一樣；只是把 L 換成 d 型，把 R 換成 l 型，不是小
　　洞讓粒子從 L 到 R，或從 R 到 L，而是催化劑讓分子從 d 變成 l，
　　或從 l 變成 d，把 L 和 R 的語言轉譯成 d 和 l 的語言，所有問題的
　　答案都一樣。

　　好了，我想你現在懂了這兩個自發過程例子的行為模式，你已
經通過了測驗，我也完成了任務；假如你有興趣讀一些我個人對於
第二定律的思考與意見，歡迎你讀下一章。

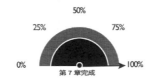

第 $\boxed{8}$ 章

熱力學第二定律在
物理定律的地位

　　假如你一路跟隨我到最後這一章，你對熵的觀念及第二定律一定感覺很自在了。若你重複丟擲一對真正的骰子很多次，然後發現點數和 7 出現的次數，平均而言較其他點數和多很多，你不應感到訝異；丟擲只有「0」和「1」的簡化骰子 100 次，點數和幾乎總是 50，你不會覺得困惑；丟擲 100 萬次簡化骰子，你也不會覺得「**永遠**」得不到點數和 0 或 1,000,000，有啥神祕可言。你知道這兩種結果都不是不可能，但是罕見到你終其一生都不會看到這種特別的結果。因為你想到了這個道理，常識也告訴你，具有高機率的事件較常看到，而極低機率的事件「**絕不會**」發生，你將不再會感到困惑了。

　　假如你從未聽說過物質是由原子組成的，而你看到有顏色的氣體起初在容器的半邊隔間，而後流動且充滿整個容器，如圖 8.1a 所示；或從兩個隔間分別有黃色及藍色兩種不同氣體，轉變成均勻混

合的綠色氣體,如圖 8.1b 所示;或者溫度為 T_1=100℃的熱物體,與溫度為 T_2=0℃的冷物體接觸,冷卻到介於 T_1 與 T_2 之間的溫度,如圖 8.1c 所示。

你覺得好神祕,為什麼藍色氣體會從一個隔間流動至充滿另一個隔間?為什麼兩種顏色的氣體會轉變成單一的顏色?為什麼兩個不同溫度的物體接觸後成為單一溫度?在背後推動這些現象的力量到底是什麼?為什麼這些力量永遠朝一個方向進行?在物質的原子理論未被發現及為人接受時,[1] 所有這些現象都包在神祕的氛圍中。

神祕也許不是正確的字眼,「困惑」可能更能描述這個情境;你困惑的唯一理由,在於不了解為什麼這些現象都朝單一特定方向進行。但是物理定律都是這樣,一旦你接受這個定律是事實,你就會覺得這再自然不過,而且很有道理。[2] 熱力學第二定律也一樣,事實是,這些過程在日常生活中很普通,這表示它們會逐漸被視為「自然的」和「有道理的」。

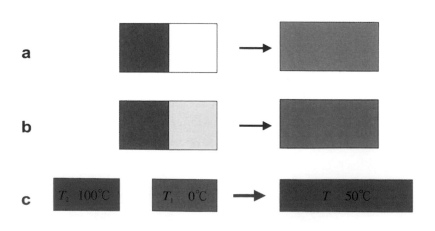

圖 8.1

假如你知道一種氣體具有 10^{23} 個原子或分子，這些原子或分子每秒鐘不停跳躍碰撞數百萬次，你就會知道機率定律占了上風，這當中沒啥神祕可言。這些過程沒有絲毫的奧祕，就如同無法在上一期的樂透中贏得「一百萬」元一樣。

我相信即使你在這本書中，第一次讀到「熵」和「第二定律」，你會對「神祕」這個詞彙和它們連在一起，覺得困惑。你沒有理由聽到「熵」就畏縮害怕，或對那把氣體從容器一側推到另一側的看不到的「力量」覺得困惑，你也不再需要繼續讀這本書。我詮釋「第二定律的神祕」的任務，在第七章的最後一頁已經結束，你也對第二定律完全了然於胸了。

在這一章中，我要自由自在的表達一些我個人對第二定律的淺見。我的一些看法不必然為所有人同意，然而我冒險大膽的提出這些看法，以引導出其他科學家的評論，他們的觀點或許與我的不同，也或許更正確。

我將提出一些問題並嘗試答覆。從較天真無知的問題開始：「為什麼這麼長時間以來，第二定律都被包圍在神祕氛圍中？」是因為它隱含運動方程式對時間逆轉的對稱性及自然過程不可逆性之間的矛盾？然後我會討論幾個其他的問題，它們的答案仍然具爭議。「熵」真是「無序」的量度嗎？系統的有序和無序是什麼意思？「資訊」是怎麼入侵一直以來都由物理上可量測實體占有的「領域」？第二定律在本質上與時間的箭頭有關連嗎？相對於其他自然定律，第二定律的「地位」是什麼？會不會有一天，科學將拋棄第二定律，視其為贅物，只是原子論以前物質觀的史詩，無法進一步豐富我們對於自然運作的知識？

8.1 為什麼第二定律充滿神祕？

依我之見，有幾個理由讓第二定律充滿神祕。第一，也或許是最簡單的理由，就是「熵」這個字；每一個人都熟悉力、功、能量等觀念，學物理時，你也碰到這些字眼，雖然有時它們與日常用到的，意思相當不同。我寫這本書所做的「功」，不能用物理學上相同的功（或能量）單位來量度，同樣的，施加於政客以推動法律或法案通過的「力」，不同於物理上的力。但是，物理學上定義的功和力雖是精準的觀念，卻依然帶有這些字在日常使用時的味道，因此，把熟悉的觀念如力、能量或功等，給予新且精準的意思，較無困難。第一次遇到這個新名詞「熵」，一股神祕的氛圍油然而升，它讓你感到陌生且不自在。假如你不是物理系或化學系的學生，偶然聽到科學家談起「熵」，你一定覺得這個觀念遠超越你的理解範圍，尤其聽到他們自己把「熵」稱為神祕的東西時。

古柏（Leon Cooper, 1968）在引述了克勞修斯對選擇「熵」這個字的理由後，即做了下述的評論：[3]

> 「這樣做，而非從現有語言中選擇名詞（如失去的熱量），
> 他成功鑄造了一個字，這個字對所有人來說意思都一樣：
> 什麼都不是。」

我大致同意古柏的意見，但有兩點保留。第一「熵」不幸是個誤導的字眼，它明顯和「什麼都不是」的意思不同。翻閱字典，你會找到「熵──古希臘文的改變，文言是轉化」，很明顯的，熵的觀念不是「轉換」，不是「改變」，也不是「轉化」。我們知道，不管非原子論或原子論的第二定律，對於熵的定義都是「改變的東

西」，而不是已轉換的「轉換」，也不是改變中的「改變」，更不是
演進中的「轉化」。

第二項保留意見是關於古柏不經心建議的「失去的熱量」，可
能較為適當。當然，「失去的熱量」較「熵」更有意義，它也更符
合熵眾所周知的意思：熵是「無法利用的能量的量測」。[4] 我將在 8.3
節中重提熵的這個意思。

除了因為不熟悉熵這個新觀念導致的神祕氣息，還有第二個理
由導致熵變得神祕。很多撰文談熵的作者都說熵很神祕，因而導致
熵真的變得神祕了。真的，科普書的作者以及中規中矩的熱力學教
科書，作者都是這樣子描述熵的。

用格林（Brian Greene）最近為一般讀者寫的一本很棒的書為
例，他寫道[5]：

「在日常經驗無法完整解釋的事物中，有一樣敲入近代物
理學中最深邃未解的謎，就是偉大的英國物理學家艾丁頓
爵士所說的時間的箭頭」

在該書接下來的幾頁，格林用托爾斯泰的史詩小說《戰爭與和
平》的頁面來解釋熵的行為；要打亂小說的頁面，有很多很多散亂
的排列方式可行，但只有一種或兩種方式可以讓它們歸序。

我以為，上述引用的句子使這種不存在的神祕感歷久不朽。格
林很可以用一些句子輕易的解釋「熵」，如同他解釋近代物理學上
很多其他的觀念。我覺得很怪的是，他寫道：「……近代物理學中最
深邃未解的謎」，我認為他反而應該這樣寫：「今天，與第二定律相
關的神祕不再存在」。很多意圖解釋第二定律的作者，事實上反而
傳播並普及了這份神祕感。[6]

這裡是個經典的例子。艾金斯（Peter Atkins）在他《第二定律》一書中開宗明義的寫道[7]：

「其他部分的科學對人類心靈的解放，貢獻都不如熱力學第二定律。然而，彼時其他部分的科學都沒那麼深奧難懂。第二定律的提出，提升了木材蒸氣引擎、錯綜複雜的數學，以及非常難以理解的熵的視野。」

為什麼會寫出這樣的開場白？我絕對不同意這三條引言。艾金斯的第一句含義模糊，我無法了解第二定律和「解放人類心靈」有什麼關係。但是我的重點不在於和艾金斯辯論第二定律的看法，我引述艾金斯書中的這些句子，是要說明他們是怎麼樣傳播這神祕感的。第一句引起你對第二定律的期待，驅使你讀這本書，但是在繼續讀下去時，這些期待大受打擊。下面兩句明確的使人洩氣——「非常難以理解的熵」甚至不能讓你食慾大開，品嚐這道菜。在很多熱力學教科書中，作者花了很多時間討論第二定律各種不同的表現形式，但幾乎都沒有談到所有這些表現的共通之處。作者不旦沒有選擇一、兩個簡單的例子，來描述表現第二定律，反而提出大量範例，有些太複雜而難於理解。讀了這些書，你就見樹不見林了。[8]

在第七章，我們討論了兩個相對簡單的例子，以示範說明第二定律的運作，在這兩個例子中，都只有一項參數改變。第一個例子中，我們看到的是位置的改變，即粒子最初局限於較小的空間中，然後擴散充滿較大的空間。第二個例子是粒子本尊的改變，在熱量由熱的物體傳到冷的物體之實驗，速率的分布發生了變化。當然有更複雜包括多項參數（或自由度）改變的過程，有時不易一一列舉。例如，雞蛋摔破的過程，包括位置的改變、分子本身的改變、

速率分布的改變，分子內的方位及內轉動的改變。所有這一切，讓過程的描述變得很複雜，但第二定律的原理是一樣的。為了了解原理，集中精神在一個簡單的過程就夠了，而且愈簡單愈易懂。

艾金斯的書花了一整篇來「了解第二定律如何說明生命特有複雜難懂形式出現的緣由」。[9]依我看來，這項承諾並未實現；一頁一頁的讀完了艾金斯的整本書，我沒有「了解第二定律如何說明生命特有複雜難懂形式出現的緣由」。

這類承諾帶給讀者挫折感，並打消他們去了解第二定律的意願。生命現象包括極為複雜的過程。科學家和非科學家都「知道」，生命是複雜的現象，而且包括心智與知覺的很多方面仍然未充分了解。因此，在一本應該解釋第二定律的書中討論生命，讓讀者以為熵像生命一樣，無可救藥的難以理解，而更添神祕了。

的確，很多科學家相信生命在很多方面，包括知覺，最終是在物理和化學定律的控制下，而且心智並不是不屈服於物理定律的獨立類別。我個人相信這是對的，但是要證實與理解這項論點仍遙遙無期。可能如彭若斯（Penrose）[10]提出的中肯的主張，某些生命現象需要延伸擴大現有的物理化學定律才能解釋。因此，我的看法是在解釋第二定律的文章裡，用討論生命作為例子，看似迷人但實在是不成熟的。

還有更嚴重的理由讓熵受神祕迷霧籠罩。超過一世紀以來，第二定律都用熱力學名詞來闡述，即使在物質的分子論建立以後，依然用巨觀的名詞在熱力學中傳授，這種方法無可避免的進入了死胡同。的確，如我第一位教授的正確宣告（見前言），在熱力學內是沒有希望理解第二定律的；要見到亮光，一定得通過統計熱力學的隧道，使用巨量的無法分辨的粒子來說明第二定律。假如你經歷了古典熱力學中第二定律的各種不同論述，你就可以證實，一種論述

和一些其他的論述是相當的；你可以展現出驅動氣體擴散的熵和驅動兩種不同氣體混合的熵是一樣的；而展示出驅動化學反應或混合兩種液體的熵也是相同的，就比較難一些了。至於要證實雞蛋摔破造成一團混亂，也是同樣的熵，就不可能了（我們確實假設它是相同的熵，當有一天統計熱力學的工具更為強大時，我們就可以證實了）。但是不管你完成了多少例子，證實它們受到冷靜無情且永遠增加的熵所驅動，你依然進入了死胡同。你絕對無法了解，熵一路上升的內在根本來源，熱力學無法告訴你，分子骨子裡的情況。

假如沒有發現且接受物質的原子論，[11] 我們絕對無法解釋第二定律，它會永遠是個神祕的東西。那是 19 世紀末期 20 世紀初期的情況，雖然熱動力學理論已經成功解釋了壓力、溫度，也終於用原子分子的運動解釋了熵，這些理論被認為是假說。具影響力的重量級科學家如奧斯華德及馬赫都認為，原子的觀念以及基於原子存在而生成的理論，不應是物理的一部分。確實，他們的論點是有道理的，只要沒有人直接或間接「看到」分子，把分子併入物質的任何理論都被認為是不確定的。

20 世紀初，這種情況有了戲劇性的改變。這要歸功於愛因斯坦，他斷然的擊敗了乙太，並為原子論的勝利鋪起了康莊大道。於是，接受波茲曼用分子詮釋熵的論點，成為無可避免的事實（見第一章）。

但是為什麼擁抱波茲曼對熵的詮釋後，神祕不可解的氛圍依然沒有消失？沒錯，彼時徹底了解熵的方法之門大大開啟了，但是奧祕依舊。我不確定完全知道問題的答案，但我自己的經驗，確實知道這股神祕依然浮動在空氣中很長一段時間。我相信，理由來自熵和「無序」、「欠缺的資訊」及「時間的箭頭」等的關聯，而導致爭議未能平息。我將一一分別討論之。

8.2 熵與「無序」的關聯

　　熵與無序的關聯可能是這三類裡最古老的，它的根由來自於波茲曼對於熵的詮釋。有序與無序是含糊且較為主觀的看法，雖然在很多情況下，熵的增加與無序的增加有密切的關係。「自然的方向是從有序到無序」與「自然的方向是從低熵到高熵」，這兩種說法是一樣的。它沒有解釋為什麼無序的增加是自發過程，沒有自然定律宣稱系統由有序向無序演進。

　　實際上，系統並非多半從有序向無序演進。我反對熵與無序相關聯的原因，主要是有序與無序並沒有精確的定義，而僅是模糊不清的觀念。它們是很主觀的，有時含混，有時完全誤導，看看下述的例子就知道。

　　在次頁圖 8.2 中，我們有 3 個系統，左手邊有 N 個氣體原子在體積 V 中，第二個圖，N 個原子中的一部分占有了較大的體積 2V，第三個圖，N 個原子均勻的散布在全部 2V 的體積中。看一下這 3 個系統，你能說出哪一個系統較為有序？嗯，有人可以辯稱左邊的系統，N 個原子聚集在一半的體積中，比右邊的系統，N 個原子散布在全部的體積中，較為有序。當我們把熵與欠缺的資訊相關聯時（見下述），上述說法好像十分有理，至於有序，我個人看不出圖中的哪一個系統較另外的系統更為有序或無序。

　　接下來細想次頁圖 8.3 描述的兩個系統：

　　左邊的系統有 N 個藍色粒子在體積 V 的箱子及 N 個紅色粒子在另一個體積也是 V 的箱子裡；右邊的系統中，所有的原子都混合在相同的體積 V 裡面。現在，哪一個系統比較有序？我看來，左邊的比較有序——藍色粒子和紅色粒子分別在兩個不同的箱子裡，而右手邊，它們都混在同一個箱子裡。一般來說，「混在一起」絕對是

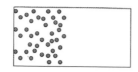

圖 8.2

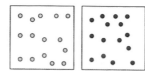

圖 8.3

混亂無序的狀態;事實上即使吉布斯自己也用「混在一起」來描述熵。但是我們可證明,上述兩個系統有相同的熵;因此將混合與無序增加相關連,並因而增加熵,只是一種錯覺。有序與無序的觀念所引起的麻煩,是因為它們不是精確定義的量——「有序」就如同「結構」和「美麗」一樣,完全存在於觀看者的眼中!

我不知道任何的有序與無序的精確定義,可用來證實「熵是無序的程度」這種闡述。但是有一個例外,卡連(Callen, 1985)在他的熱力學的書中寫道(第 380 頁):

「事實上,夏濃在 1940 年代末期建構了『資訊理論』的觀念架構,以其度量無序的方法,提供了熵的詮釋基礎。」

卡連進一步做了結論:

「在封閉系統中,系統分布於其可允許的微觀狀態下,夏濃對其最大可能的無序的定量,就是熵的概念。」

　　我教了很多年熱力學，並用卡連的書當教科書，這是一本很好的教科書。但是懷著所有對卡連以及他的著作的敬重，我必須說卡連用這些陳述誤導了讀者。我一字一字、一頁一頁細讀了夏濃的文章〈通訊的數學理論〉，發現夏濃既沒有定義「無序」，也沒有認定熵是「無序」。我看卡連在上述的說明，及該章後面的章節中竄改了無序的定義。為什麼？為了找個「正當的理由」用無序來詮釋熵；而它明顯的與夏濃的文意不合。卡連所謂的夏濃的對於無序的定義，事實上是夏濃對於資訊的定義。在我看來，卡連用無序將資訊重新定義，並沒有達到解釋熵的目標。如我們在第二章及第六章所見到的，資訊的觀點源於定性及非常主觀的概念，而在夏濃的手中轉換為定量及客觀的量度。如我們也看到的，淨化的「資訊」觀念也保留了日常生活中資訊的意思；無序就不是這樣了。當然啦，我們可以同卡連一樣，用夏濃對於資訊的定義精確的定義無序。很不幸，「無序」通常和日常生活中使用時的意思不同；在上述的例子中，也已經向各位示範說明過了。[12]

　　對於本小節做個總結，我想說的是：有時候但不是永遠，無序（或任何相當的用字）的增加與熵的增加相關；反之，「資訊」（或欠缺的資訊）永遠與熵相關聯，因此這個名詞比無序來得好。

8.3 熵與「欠缺的資訊」的關聯

　　自從夏濃提出他對於資訊的概念，人們發現在闡述熵時非常好用。[13] 我覺得「欠缺的資訊」的觀點，不但有助於了解這個稱為熵的會改變的東西，也讓我們更接近，理解熵不過是常識的最終步驟。但是，這個看法並不普及。

卡連（1983, 384頁）就此觀點寫道：

「有一個熱力學的學派，認為熱力學是主觀的預測科學。」

在討論熵是無序的篇章之前，卡連寫道：

「在平常使用時，機率的觀念有兩種不同的闡述。『客觀機率』與頻率或發生的比例有關；『新生兒是男娃的機率稍稍低於1/2』是有關人口調查的統計數據。主觀機率是在沒有最佳資訊時得到的期望值，尚未出生的嬰兒，醫生推測是男嬰的（主觀）機率，端賴於醫生對於家族歷史的了解、母親荷爾蒙濃度的數據、愈來愈清晰的超音波影像，以及經驗和專業知識，但仍然是主觀的猜測。」

如2.4.1節〈條件機率與主觀機率〉中的說明，我的觀點在根本上迥異於卡連的觀點。卡連的兩個例子是主觀或客觀，由假設的條件或相關的資訊來決定。

我引述卡連上述的章節，顯示出他偏好的「無序」概念實質上是謬誤的。我相信他誤用了機率的論點，認為資訊是「主觀」的，而在他的看法裡，「無序」是「客觀」的，因此他特別提倡。

手上沒有任何新生兒性別資訊的外星訪客，對生男生女的機率毫無概念，他對男女嬰出生機率的說法，一定是全然主觀的。反之，若給了他包括生男生女的頻率、醫學統計資料的可靠度等資訊及知識，他對生男生女的預測率必然是客觀的。

不幸甚至諷刺的是，卡連駁斥「資訊」是主觀的概念，而同時擁抱夏濃對於資訊的定義，並把它命名為無序。於是，他用了較主

觀的無序概念，取代了清晰、定量且客觀的科學量。假如卡連沒有使用夏濃的資訊定義，則無序的觀念應仍是未定義、未定性且極端主觀的科學量。

在我看來，把資訊或無序歸之於客觀或主觀，是沒啥差異的，重點是有序與無序是沒有清楚定義的科學量。另一方面，資訊是清晰且定義嚴謹的科學量，如同一點或一直線在幾何學上是科學的，粒子的質量或電荷在物理學上是科學的一樣。

普里歌金（Ilya Prigogine, 1977 年諾貝爾化學獎得主）在他 1997 年出版的《確定的終結》（*End of Certainty*）一書中，引述葛爾曼（Murray Gell-Mann, 1969 年諾貝爾物理獎得主）在 1994 發表的文章說道：

「熵與資訊關係密切；事實上，熵可看成是一種對無知的量度。當我們只知道系統的巨觀狀態，假設所有的微觀態都有相同的可能性，巨觀狀態的熵利用計數得到所需的資訊，測量微觀狀態的未知度。」[14]

我完全同意葛爾曼的引述，但普里歌金對這段文字做了評論，寫道：

「我相信這些論點是站不住腳的。它們暗示，是我們自己的無知、我們的粗糙，導致了第二定律。」

站不住腳？為什麼？

兩位偉大的諾貝爾獎得主有完全相反且矛盾的看法，肇因於對資訊概念的誤解。

　　我以為葛爾曼的陳述不但正確，他也小心翼翼的說：「熵可以看做是一種無知的量度……熵……量度無知程度。」他並未說：「我們自己的無知」，是普里歌金誤解了。

　　實際上，如我們在第二章看到的，資訊是一種量度，它就在系統那兒（或在第二章的遊戲中）。在「資訊理論」中，「資訊」不是主觀的數量。奇曼用「無知」這個名詞作為「欠缺的資訊」的同義字。如此，無知也是一項屬於系統的客觀量，並不同於「我們自己的無知」，我們的無知可能是也可能不是客觀的量。

　　資訊理論詮釋熵為主觀的觀念，這種誤解是頗尋常的。我要引述艾金斯在《第二定律》一書前言中的一段話[15]：

> 「我刻意不提資訊理論與熵之間的關係。對我來說，如果讓熵有『持有資訊』的意思，或表達某種程度的『無知』，是很危險的事。因為這樣只差一小步，熵就成了腦海中的假設，只是觀察者的主觀意識。」

　　艾金斯反對用資訊來「類比」熵，理由是這樣做可能導致熵只是「心中主觀的產物」，是很可笑的。相反的，他自己用「無序」和「混亂」這些字眼，在我看來才更是「心中的主觀」。

　　事實上，不止熵和資訊有「類比」之處，這兩種觀念是完全一樣的。

　　這兒需要再強調一次，把熵詮釋為資訊的量度，不能用來解釋熱力學第二定律。熵是在隔離系統自發過程中，持續增加的科學量，這種對於熵的詮釋不能解釋為：此乃「自然界增加無序的方式」或「自然界增加無知的方式」。這些都可能是描述自發過程中變化的東西的方式，而以描述方式而言，「資訊」甚至較「熵」本身更適

合描述變化的這個東西

在結束熵與資訊這節以前，我應該再嘮叨的提出，阻礙用資訊來解釋熵的問題。回想熵的定義為：熱量除以溫度，如此，它的單位是能量除以 K（即焦耳／ K 或 J/K，K 是絕對溫度單位）。這兩項是明確、可量測及定義嚴謹的觀念，而「資訊」是沒有單位的量，[16] 一個與能量或溫度無關的數字，怎麼能和由能量與溫度定義出來的熵有關連呢？我覺得這是非常有根據的論點，值得進一步檢視。實際上，夏濃自己也認為，只有當資訊的量度乘以常數 k（現在知道是波茲曼常數）時才等同於熵，而 k 的單位正是能量除以溫度。這些對證明這兩種明顯不同的觀念是相同的東西，沒有什麼幫助。我相信認同熵與資訊是相同的東西，其中的困難有更深層的理由，我將在兩個層次做詳細的說明。

第一，注意圖 8.1c 所示之過程，熵的變化確實包括熱量的轉移及溫度的變化，但它只是自發過程的一個例子。想想看理想氣體的擴散（圖 8.1a）或兩種理想氣體的混合（圖 8.1b），在這兩個案例中，沒有能量的變化、沒有熱量的轉移，也沒有溫度的改變。假如在隔絕的狀況下進行這兩種理想氣體的過程，則熵的改變是固定的，與過程進行時的溫度無關，而且很明顯，也沒有熱從一個物體轉移至另一物體。這兩個例子只是暗示，熵的變化不必然包括能量與溫度的改變。

第二點可能是較深的層次。熵的單位（J/K）不但對熵不需要，而且全然不應該用來表示熵。熵最原始的定義包含能量與溫度，是個歷史上的意外，是熱力學在原子論時代以前的史詩。

回想給溫度下定義是在熵出現以前，也在熱的動力論以前。凱文公爵在 1854 年引進了絕對溫度，馬克士威（James Clerk Maxwell, 1831-1879）在 1859 年公開發表有關分子速率分布的論文，此舉導

氣體中分子或原子的平均動能就是溫度的論點。[17] 一旦確認且接受溫度為原子平均動能之量度的說法後，就沒有理由留著 K 的舊單位了。人們應該重新定義一個新的絕對溫度，暫時稱為 $\bar{T}$，定義為 $\bar{T}=kT$。新溫度 $\bar{T}$ 將有能量單位，而波茲曼常數 k 也就不再需要了 [18]。熵的方程式將簡化為 $S=\ln W$，熵就沒有單位了！[19]

假如氣體的動力學在卡諾、克勞修斯及凱文之前出現，熵的變化仍會被定義為能量除以溫度，但這個比例會是沒有單位的。這不但簡化了波茲曼對於熵的公式，也利於認同熱力學的熵與夏濃的資訊是相同的東西。

路易士（Gilbert Newton Lewis, 1875-1946，曾提出著名的路易士酸鹼對理論）在 1930 年寫道：

「熵的增加永遠意味著資訊的減少，沒有更多其他的東西了。」

在資訊理論誕生的前十八年，這幾乎是前所未有如先知般的敘述。路易士的敘述毫無疑問的認為，熵在觀念上與資訊是相同的。

夏濃在 1948 年證明，熵在形式上與資訊相同；有一個故事 [20] 是說，馮諾伊曼（John von Neumann, 1903-1957）在討論資訊時，勸夏濃使用「熵」這個名詞，因為：

「沒有人知道熵真是什麼東西，因此在辯論時，你永遠具有優勢。」

因此，不去爭論資訊是主觀或客觀這個問題，我認為熵在觀念上和形式上都可以和資訊認同；把溫度用能量的單位重新定義，[21]就可能使這兩樣東西一樣了，它簡化了波茲曼對於熵的方程式，搬

走了百年多來阻礙接受熵就是資訊的絆腳石。也是時候改變熵的單位，使其沒有單位，[22]並一起改變「熵」這個名詞。如同現在的認知，熵不是「轉換」或「改變」或「轉化」的意思，它的意思是資訊。為什麼不換掉這個古柏認為「什麼都不是」，而又不能傳達克勞修斯想傳達的意思的名詞呢？為什麼不用簡單、熟悉、有意義及精準定義的名詞「資訊」來取代呢？這不僅除去了因陌生字眼熵產生的神祕性，也易於接受惠勒（John Wheeler, 1911-2008）的觀點：「把物理世界當成由資訊組成，至於能量及物質只是附帶的事物罷了。」[23]

在總結此章節前，還得交代有關第 178 頁引述古柏的見解時，我的第二點保留意見。

我同意「失去的熱量」可能較「熵」來得好。但是「失去的熱量」以及更常用的名詞「無法使用的能量」適用於 $T\triangle S$（溫度與熵的變化的乘積），而不是用在熵的變化本身。熵常常與「失去的熱量」或「無法使用的能量」相關聯，是由於它帶有能量的單位；但是，假如溫度用能量單位來定義，熵就變成沒有單位了。於是，溫度與熵的變化的乘積，是這個溫度具有能量單位，這就利於解釋 $T\triangle S$（不是熵的改變）為「失去的熱量」或「不能使用的能量」了。

我應該再補允一些命名上的意見。Brillouin（1962）建議「資訊」是「負熵」，這相當於用一個模糊且本質上誤導的名詞去取代一個簡單、熟悉和具備資訊的名詞。相反的，我建議用「負資訊」、「欠缺的資訊」或「不確定度」來取代熵這個名詞。

最後，應該說清楚，即使我們認同熵和負資訊是相同的東西，但是熱力學的資訊（熵）和夏濃的資訊有一點重大的差異，後者的資訊用在通訊或任何其他科學領域，兩者在數量級上有巨大的差異。[24]

我們看到了把熵和機率連結起來，不但移除了神祕性，也把第

二定律簡化為單純的常識。或許諷刺的是，引導我們對熵有完整了解的物質原子論，一開始就創造了一個嶄新且顯然更深沉的神祕氣氛，這把咱們帶入下一個問題。

8.4 第二定律與時間箭頭有密切關聯嗎？

每天，從兩種氣體的混合到死亡植物或動物的腐敗，我們看到很多過程，明顯向一個方向進行，從來看不到這些現象朝相反的方向進行；很自然我們就會感覺，事情發生的方向與時間進行的方向一致。格林對此提出以下的看法[25]：

「我們視事物以一定的方向隨時間展開為理所當然。蛋破碎後不再還原成完整的蛋；蠟燭融化後不復回到融化前的樣子；記憶是關於過去，絕不可能關於未來；人老了，不會回復到青春歲月。」

但是，格林又寫道：「大家已知的物理學定律並沒有顯示這樣的不對稱，不管隨著時間的方向前行和後退，定律都是一視同仁的，這就是無止盡的困惑的來源。」

真的！將近一世紀，物理學家因熱力學第二定律及動力學定律間明顯的矛盾而困擾。[26] 如格林所言：「已知的物理學定律不但無法告訴我們，為什麼事情總是向一個方向展開，它們還告訴我們，理論上事情也可以朝相反的方向合攏。重要的問題是，為什麼我們從來沒見過？沒有一個人真正見證過破碎的蛋回復為完整的蛋，假如

那些定律對待破裂和復原無分軒輊，那麼為什麼一件事情會發生而反方向的事情從不發生？」

自從艾丁頓（Arthur Stanley Eddington）把熱力學第二定律與時間的箭頭連結在一起後，科學家就竭盡所能的調和這項明顯似是而非的矛盾。運動方程式對於隨時間前後移動是對稱的，運動公式中沒有建議朝一個方向改變，而禁止相反方向改變的可能性。另一方面，我們日常所見很多過程，都是依一個方向而從未見到逆向而行。但是，第二定律真的與時間的箭頭相關嗎？

這個問題的古典答案是：假如你看到一部影片逆向播放，即使未被事先告知，你也能立即看出來它是倒帶播放的。例如，一顆破碎的蛋灑在地上，忽然自動自己歸位在蛋殼碎片中，破碎的蛋殼隨即回復成完整的蛋，然後這顆蛋向上飛起，毫髮無損的回到桌上。假如你看到這樣的影片，你會微笑且不免做出結論：影片在倒帶播出。為什麼？因為你知道這類過程不可能以此方向進行。

但是，假如有一天你真的坐在廚房裡，看著蛋摔碎在地板上，忽然蛋又回復到原來的狀態，再跳回桌面上呢？

聽起來真神奇，你把蛋破碎的過程與時間的箭頭這麼緊密連結在一起，你不會相信眼睛看到的，你可能轉頭四處張望，是不是有人在耍把戲。或者，你了解第二定律，可能告訴自己，你太幸運看到了一個真實的過程，它的時間方向是正確的，是一個極端罕見但並非不可能的過程。

這正是加莫夫（George Gamov）寫的《湯普金夢遊記》（*Mr. Tompkins in Wonderland*）這本書中，那位物理學家得到的結論；[27] 當他看到威士忌酒杯忽然間自動的上半部沸騰下半部結冰時，這位教授知道，這過程雖然極為罕見，但真的會發生。對看到這個罕見

的事件，他可能很困惑，但不會去找尋那個把「影片」倒帶的人。
這是加莫夫書中可愛的篇章：

> 「想像玻璃杯中的液體被急遽冒出的泡泡覆蓋，一層薄霧
> 緩緩向天花板升起。但是，特別神奇的是飲料只在冰塊周
> 圍小小的區塊沸騰，其他的部分仍然相當冷。
>
> 「想想看！」教授驚嘆顫抖的聲音繼續著，這兒，我正在告
> 訴你熵定律中關於統計上的波動，我們真的看到了呢！由於
> 不可思議的機會，可能自有地球以來的第一遭，運動較快的
> 分子意外的都集結在水的表面，而水自己就開始沸騰了。
>
> 億萬年以後，我們仍可能是唯一有機會看到這種非凡離奇
> 現象的人。他注視著現在逐漸冷卻的飲料，『真是幸運！』
> 他愉悅的輕聲說道。」

但是，我們把自發的事件與時間的箭頭關連在一起，只是一種
幻覺；幻覺來自於我們一生中從未見過一個過程是朝著「相反」方
向展開的。把自發的自然過程和時間的箭頭連結在一起，幾乎永遠
是站得住腳的──幾乎是，但不是絕對永遠。

加莫夫在他可愛有趣的《湯普金夢遊記》一書中，用湯姆金先
生的歷險故事，試著解釋相對論及統計力學中礙難接受的結果。湯
姆金先生到了一個世界，在那裡他真能看到，並能經歷到那些難以
接受的結果。他試著想像，假如光速比每秒 300,000,000 米慢時，世
界會是什麼樣子；或者倒過來，一個人以近乎光速旅行時，他眼中
的世界是什麼樣子；在這樣的世界裡，人們看到的現象在真實世界

中幾乎絕對不會經歷到。

　　同樣的，也可以想像在一個蒲郎克常數（h）非常大的世界裡，經歷到各種匪夷所思的現象；例如，你的車不費吹灰之力就穿過了一堵牆（穿隧效應），及其他在我們居住的真實世界裡絕對不會經驗到的現象。

　　借一下加莫夫的幻想，我們來想像一個世界，人可以活很久很久，是宇宙年齡的好多倍，$10^{10^{30}}$ 年吧[28]（譯注：比宇宙年齡長很多）！

　　在這樣的世界裡，進行氣體擴散或氣體混合的實驗，應該可以看到在 10 個骰子系統中見到的事件發生。我們從所有的粒子都在一個箱子中開始，起初會看到粒子擴散，粒子會充滿系統的全部空間，但「偶爾」我們也會見到系統回到初始狀態。多常發生呢？假如我們活得很長很長，說是 $10^{10^{30}}$ 年吧，氣體有 10^{23} 個粒子，那麼我們一生中會有很多次機會看到系統回到初始狀態？假如你觀看一部氣體擴散的影片，你是分不出向前播放或倒帶的；你不會覺得某些現象較為「自然」，也不會有「時間的箭頭」應與熵增加（或偶爾降低）相關連的感覺。因此，我們看不到破碎的蛋還原或兩種混合氣體回復成純粹的氣體，不是因為熱力學第二定律與運動方程式或動力學定律相矛盾。沒有矛盾這回事，假如我們活得「夠長」，就會看到這些反方向的過程！時間的箭頭和第二定律的連結不是絕對的，在僅僅的幾十億年間，只有「暫時」的連結。

　　在第二定律與時間的箭頭相關聯的文章裡，還要加上一點說明，有些作者會援用我們人類分辨過去與未來的經驗。的確，我們記得過去的事件，而不是未來的事件。我們覺得可以影響未來的事件，而不是過去的事件。我完全能同意這些經驗，唯一的問題是，這些經驗和第二定律或任何物理定律有什麼關係？

　　這讓我又有了下面的問題。

8.5 熱力學第二定律是物理定律嗎？

大部分統計力學的教科書強調，第二定律不是絕對的，例外是存在的，雖然難得一見，但熵「偶爾」還是會往下走的。

格林（2004）提到第二定律的這項觀點，並寫道：第二定律「不是傳統觀念的定律」。如同任何的自然定律，第二定律奠定於實驗的基礎上，它用熵增加的論述，簡潔的壓縮了一大堆的觀察數據。在熱力學的表述或者應該說是非原子論的表述中，第二定律沒有例外的情況；如同其他物理定律，它顯示是一個沒有例外的絕對定律。但是，一旦從分子的觀點來理解第二定律，我們明白它是有例外的；雖然罕見且極端罕見，但熵的確可以逆向進行，因此認定第二定律不是絕對的。格林說它不是一個「傳統觀念」的定律，這種說法讓我們有了第二定律較傳統物理定律多少「弱」了一些的印象，比起其他物理定律，它似乎「比較不絕對」。

但是，什麼是傳統觀念上的定律？牛頓的慣性定律是絕對的嗎？光速恆定是絕對的嗎？我們真能宣稱任何物理定律是絕對的嗎？我們知道，在有紀錄的好幾千年來，事件都遵守了這些定律。我們可以檢查地質紀錄或宇宙起源大霹靂時代的輻射，往前推斷到百萬或幾十億年前，但是無法宣稱這些定律永遠是一樣的，或者在未來的時間也永遠一樣、沒有例外。我們所能說的是，在數百萬或幾十億年內不可能發現這些定律的例外；事實上，既沒有理論也沒有實驗依據去相信任何物理定律是絕對的。

從這個觀點看來，第二定律的確「不是傳統觀念的定律」，也不是格林暗示的較弱的定律，反而是較強的定律。

我們承認第二定律有例外的事實，只有當其他定律被宣稱為絕對站得住腳時，它才會較其他物理定律「弱」。但我們知道，第二

定律有例外是極為罕見的，這不但使它較其他物理定律強，而且是
所有物理定律中最強的。對任何物理定律而言，最多可以預期其在
10^{10} 年內沒有例外，但第二定律在 $10^{10000000000}$ 或更多年內，只會有
一次例外發生。

於是，第二定律在古典（非原子論）熱力學中闡述時，是絕對
的物理定律，它不允許例外；當其以分子層次論述時，違反定律是
允許的。雖然聽起來似是而非，原子論述的相對「弱」，使第二定
律在所有其他物理定律中，包括非原子論的熱力學第二定律，最為
強。換個方式說，事實上原子論第二定律的非絕對性，較非原子論
第二定律宣稱的絕對性更為絕對。[29]

在近代宇宙論的文章中，人們推測宇宙終究會到達熱平衡或
「熱死寂」狀態的悲慘命運。

或許不是這樣？！

在時間尺度的另一端，人們推測，由於熵永遠增加，宇宙初
始，一定從最低的熵值「開始」。

或許不是這樣？！

此外，後面的臆測與《聖經》直接「矛盾」：

「1. 起初，神創造天地。

　2. 地是空虛混沌，淵面黑暗。」〈創世紀 1：1〉

最初的希伯來文版用的是「TohuVavohu」而不是「空虛混沌」
及「淵面黑暗」。「TohuVavohu」的傳統意思是全然的混亂，或全然
的無序，或者你比較喜歡用「最大的熵」！

說了這麼多，我想要不自量力的提出一個挑撥的觀點，熱力學
第二定律較其他物理學定律既不「弱」也不「強」。它根本不是物理

定律，而僅只是單純的常識罷了。

這帶來了我最後的問題。

8.6 我們可以不要第二定律嗎？

假如熱力學第二定律不過是常識，我們必須把它列為物理定律並在課堂上講授嗎？用另一個方式提出這個問題，假如從來沒有人有系統的闡述熱力學第二定律，我們可以藉由單純的邏輯推理或常識，來導出第二定律嗎？假如我們也發現了物質的原子本質，以及無限大量無法分辨的粒子組成了每一片物質，我的答案可能是「是」。我相信可以從下往上推演出第二定律，[30] 對於氣體擴散或兩種氣體混合等簡單的例子（如我們在第七章結尾做過的），我們一定做得到；假如發展出非常複雜的數學，我們也能預測摔落地板的蛋，最可能的下場。[31] 但是所有的預測靠的不是物理定律，而是機率定律，即常識定律。

你會理所當然的聲明，因為我受益於卡諾、克勞修斯、凱文、波茲曼及其他人的發現，才得以「預測」出這些。「預測」一項事先已知的事件，不是什麼偉大的功勞；這可能是對的，所以我要把這個問題用更有趣的方式表達出來。假設所有這些建構第二定律的偉大科學家都從不曾存在，或他們從不曾建構第二定律，在擁有目前物質原子論及所有其他物理學知識的情況下，單純經由邏輯推理的方式，科學會達成第二定律的論述嗎？

　　問題的答案可能是「不能」！不是因為沒有由上而下導出的第二定律的存在，就無法由下而上導出它來。而是因為科學會發現，沒必要基於單純的邏輯推論，去建構一項物理定律。

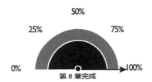

第 8 章完成

注釋

英文版序

1.這是另外一個迷人的主題，後來是我的博士論文的題目。

2.本書的獻辭頁放了這張照片。

3. Greene, B.（1999, 2004）。

4. Greene, B.（2004），第12頁。

5. 在統計力學中，這些名稱相當於微觀狀態及巨觀狀態。本書大部分都是骰子遊戲，骰子永遠是巨觀的；這是我選擇「特定」與「表象」這兩個名詞的理由。

6. Morowitz, H. J.（1992）第69頁。

7.更多這方面的熵，見Ben-Naim（2007）。

8. Greene, B.（2004）。

第一章　揭開熱力學第二定律的神秘面紗

1.「非原子」論的意思是，討論第二定律時，不使用物質是原子組成的論點。有時人們也說此種論述視物質為連續性；這兒強調的重點是，這些論述只使用巨觀上可看到或量測到的量，而不管物

質的原子組成，但並不意味這種論述可應用於非原子或連續性的物質。我們將於後面看到，假如物質真是非原子或連續的，第二定律不會存在。

2. 這是大多數人的意見，但有些作者的確視卡諾為第二定律的「發明者」或「發現者」。

3. 技術上，人們說這些過程是以準靜態（quasi-static）的方式進行，有時也稱為可逆過程，但是可逆也用於另外一類熵不改變的過程；因此，準靜態過程這個名詞較為適當也更合用。

4. 這篇文章是 "Reflections on the motive power of fire and on machines fitted to develop this power"，Sadi Carnot（1824）。

5. 第二定律也可以用氣體自然擴散的方式來表述，我們可以證明這種論述或其他論述與克勞修斯和卡諾的論述等價。

6. Copper（1968）所引述。

7. 這兒「有道理」指的是一種常見的經驗，不必然是邏輯推理的結果。

8. 「永遠」是指以當時觀察到的現象而言，後來牛頓定律被稱為古典力學。

9. 波茲曼自傳的迷人故事，請參見Broda（1983）、Lindley（2001）與Cercignani（2003）的文章。

10. 例如，洛希米特（Johann Loschmidt）在1876年寫道：第二定律不是純粹力學原理的結果。

11. Greene（2004）強調「時間逆轉對稱性」不是時間本身逆轉或倒著「跑」，相反的，時間逆轉是指某些依特定時間順序發生的事件，也能以相反的順序發生，更貼切的說法可能是「可逆事件或可逆過程」。

12. 在古典力學裡。

13. 我們將在第七及第八章看到：對於第二定律的表述，那些公認的非絕對論的原子學家，事實上比自認絕對論的非原子學家還要來得絕對。對此，龐卡赫（Poincare）曾經說：「……要看到熱從冷的物體傳到熱的物體，需要的不是敏銳的視覺，也不是高超的智慧，更不是馬克士威爾的靈巧，只要一點點耐心。」由勒夫及瑞克斯（Leff and Rex, 1990）引用。

14. 滿有趣的，氣體動力學的創始者如馬克士威、克勞修斯及波茲曼，均沒有發表任何解釋布朗運動的論文。

15. 很有趣的，雖然愛因斯坦對於波茲曼用機率解釋熵讚美有加，但是他卻不能接受用機率解釋量子力學。

16. 關於愛因斯坦的布朗運動理論，有一個廣為傳述的故事，是John Rigedn（2005）寫的。另外，Robert Mazo（2002）發表過一份完整而權威的論文，敘述布朗運動的理論及歷史背景。

17. 或許應該注意，在新近的黑洞理論裡，大家談到「廣義的熱力學第二定律」Bekenstein（1980），對我來說這種廣義化不影響波茲曼對於熵的表述。

18. 今天任何物理的書，特別是統計力學，都把物質的原子結構視為理所當然。很有趣的是，佛勒（Fowler）和古根漢（Guggenheim）寫的《統計熱力學》（初版1939，再版1956），其中首先提出的假設之一是：「假設一，物質的原子組成」他們加入了下述的意見「今日很難稱之為假設，但我們從這兒開始提醒大家，當初這是個假設，這是很有意義的，因為任何原子組成的說法對古典熱力學來說都是陌生的。」今日沒有任何一本近代統計力學的書，把這個假說明白寫出來，因為它已經是一致接受

的事實。

19. 為了簡化及具體化，想像N個粒子分布在M個細胞裡，系統狀態的完整描述是詳細指出哪一個粒子在哪一個細胞。

20. 熵與無序的連結可能源自Bridgman（1941）、Guggenheim（1949）建議用「散布」這個詞來描述分布於很多的可能量子狀態；Denbigh and Denbigh（1985）在就此觀點做了詳細的討論。

21. 資訊理論在1948年由夏濃（Claude Shannon）獨立發展出來，之後人們了解夏濃的資訊測量與波茲曼的熵是一致的（只差在決定單位的常數罷了）。

第二章　學一點簡單的機率理論及資訊理論

1. 很有趣，「猜測」的拉丁文是adivinare，西班牙文是adivinar。這個動詞含有字根divine（神性的）。今天有人說「我猜」或西班牙人說「yo adivino」時，並沒有暗示這人有預測結果的能力。adivinare這個字最初在使用時，可能暗指有神聖力量，可預測實驗或遊戲結果。

1998年，貝內特（Bennett）就此給了評論：「古人相信，事情的結果最終是由神明而非機率控管。使用機率機制求問神明指示，稱之為占卜，採用隨機步驟只是為了排除人為干擾的可能性，這樣才能察覺神明的旨意。」

2. 在量度某個提議的可能性時，假如有某些資訊或證據，有另一個更具一般意義的機率可用，參見Carnap（1950, 1953）、Jaynes（2005）的論文。我們使用機率一詞，應該要像在物理學中一

樣，只討論事件，不討論命題；我們不應該討論機率或隨機等的意義，這些問題牽扯到了哲學。本章中討論的機率永遠都是條件機率，有時候，條件來自已經發生的事件或將要發生的事件；有時候，條件包含一些有關該事件的資訊或知識；沒有前提知識的話，沒有人可以回答任何機率問題。

3. 注意，此處的「客觀」不是指「絕對機率」。機率都是「條件機率」，即是在某些資訊或證據下的機率。只有在有相同資訊下，每一個人對機率的估算都一樣時，才稱為客觀。D'Agostini（2003）使用「相互主觀性」（intersubjectivity）這個名詞，其他人用「最低主觀性」。

4. 如本書一位讀者評論道：人們會傾向於論定，猜測救世主出現機率為1％的人是「正確的」，或者說他們比猜測救世主出現機率為90％的人「更正確」。在口語上這麼說是正確的，但這兒我們關切機率在科學上的意思。假設我猜測擲骰子得到「4」的機率是90％，而你猜測這個機率是1％，我們擲骰子得到「4」（或2或任何其他數字），誰猜對了？答案是沒有人！在這個案例中，我們知道此特殊事件的機率及在一次丟擲下得到「4」，對於事件的機率不能證明什麼。在提出關於救世主的問題中，事件發生或未發生，並未告訴我們該事件發生的機率；事實上，我們不清楚如何定義事件的機率，甚或事件「正確」的機率是否存在。

5. 注意，這個說法非常主觀，但是任何有常識或想運用機率理論的人，都應該接受這種主觀性。

6. 說「出現了」或「將出現」並不意味時間是事件或機率定義的一部分。

7. 我們將只使用一定的樣本空間，機率理論也處理無限或連續的空

間，但在本書裡我們不需要這些。

8. 從目前的討論中，排除正好擊中一特定點或圓周特定線的問題，因為這樣的機率實際上小到可以忽略，在理論上是零。我們使用文氏圖，只是為了用圖來說明。在下面的章節中實際做機率計算時，我們會一直使用一定的樣本空間。

9. 事實上，我們問的是，假如飛標擊中面板，那麼它擊中圓圈的機率是多少，請看下面條件機率的章節。

10. 在數學名詞裡，機率的定義是每一事件的量測，就如同在某區域裡，對一維、二維或三維的空間，進行的長度、面積或體積的測量。在使用文氏圖的例子中，我們也用區域面積做相對機率的測量。

11. 事實上，柯莫格洛夫自己也深知，他沒回答有關機率的意義及定義的問題。現在幾乎全世界都接受機率是不可定義的本質，有一些機率教科書的作者，甚至經由定義機率這個名詞，重新得到訓練。

12. 有些作者反對使用「先驗」一詞。本書只有在不需要做實驗就可以得到機率時，才使用這個名詞。有些作者也不喜歡「古典」一詞，D'Agostini（2003）喜歡稱這個方法為「組合法」，但請注意「組合數學」與機率無關，它是數學上的一個分枝，用來處理以數種方法做某些特定事情的。在機率學上，依據古典定義，我們使用組合法來計算機率。

13. 當然啦，我們不但假設骰子是均勻的，而且擲骰子的方式是「公正」、沒有偏差的。「均勻」的骰子或「隨機」擲骰子的定義，也包含機率的觀念。我們也可以加入資訊理論，為選擇相等的機率進行「調整」。資訊理論提供我們在已知、所知及僅知的情況

時，猜測最佳機率的方法。

14. 頻率的定義是

$$\Pr(H) = \lim_{N(\text{全部}) \to \infty} \text{of} \quad \frac{n(H)}{N(\text{全部})}$$

這可以用兩種不同的方法來詮釋。執行一系列的實驗，當實驗次數無限多時，量度相對頻率的極限值；或一次丟擲無限個銅板，計算銅板出現正面時的比率。統計力學的基本假設之一即是：上述兩種方法得到的平均數目是相同的，這種假說是「遍歷理論」（Ergodic theory）這個數學分枝的根源。

15. 事實上，即使沒有真正做實驗，這也是正確的結果；我們確信，做腦力實驗會得到近乎正確的機率。假如我們做擲骰子實驗，並發現得到「偶數」的頻率接近1/2，與我們從古典定義得到的結果一樣，那麼我們對機率指派的「正確性」，就得到更進一步的支持。

16. 在圖2.5中，我們排除了六個組態（在圖2.4虛線長方形之中），當粒子間不可分辨時，圖2.4的所有粒子，都被算了兩次。在圖2.6中，我們再去除了四個組態（在圖2.4中虛點線長方形內）。對於費米子，盒子裡是禁止有兩個粒子存在的（包立不相容原理），這些規則來自於粒子系統波動函數的某些對稱需求；就我所知，機率指派出現於對稱原理之前。

17. 注意，條件機率及事件間的互相獨立，是機率理論所獨有的，這是機率理論不同於集合論及測度論的理由。

18. 注意，條件機率是在某一條件下定義的，其機率不為零；在上述例子中，我們要求事件B不是不可能事件。

19. 在機率理論中，相關性通常是針對隨機變數來定義的，對隨機變數而言，「獨立」及「不相關」事件是不同的觀念。而對單一事

件而言，這兩種觀念是相同的。

20. 從事件的機率移向條件機率時，我們強調「客觀」（或主觀）程度的變化。

21. 例如甕中裝有300顆彈珠，其中紅色、藍色、綠色的彈珠各100顆，假如彈珠都一樣，隨意拿出10顆彈珠，拿到三顆紅色，五顆藍色及二顆綠色彈珠的機率是多少？這是稍微困難的問題，你可能算不出來，但是事件的機率就存在事件裡。假如你知道並接受統計力學的規則，以及知道這些規則在預測很多巨觀性質的平均值時極為有用，你就知道在一定溫度及壓力的液體中，找到相隔一定距離的兩個原子的機率，情況是一樣的。機率是客觀的！你可能算不出它，但你知道它就存在於事件中。

22. 這例子及其意含的分析來自Falk（1979）。

23. Shannon（1948）。

24. 有些作者喜歡把欠缺的資訊稱為「不確定性」，雖然不確定性是適當的名詞，但我個人比較喜歡用「資訊」或「欠缺的資訊」等詞。我相信，在Jaynes（1983）及Katz（1967）完整詳盡闡述資訊理論在統計力學上應用的文章裡，「資訊」一詞是受到偏愛的。

25. 當然啦！有很多其他的方法可以得到這項資訊。你可以問「銅板在哪裡？」，或只要打開所有的盒子，看銅板在哪兒；但是這些都與遊戲規則不合，我們同意只用是非題來得到所需的資訊。

26. 注意「機率」尚未定義，但它被順理成章的引入。資訊用機率來定義，一般的定義是加總所有$\Pr\{i\}\log\Pr\{i\}$，$\Pr\{i\}$是事件i的機率；這有平均值的形式，但它是很特別的平均值。

27. 假如有N個相同的可能性，則$\log_2 N$是你要找到銅板所需提出的問題數，即當$N=8$，$\log_2 8=3$，$N=16$，$\log_2 16=4$，$N=32$，$\log_2 32=5$

等。

28. 假設銅板是相同的，只需要知道哪些盒子有銅板，或同樣的，哪些盒子是空的。

29. 這類數字不僅要花費無法想像的時間才能清楚寫出來，也可能這種時間範圍根本不存在。依據近代宇宙學，時間可能從約一百五十億年前宇宙大霹靂開始，假如這事件在未來會發生，它可能於大崩墜來臨時結束。

30. 我們將只用以10為基底的對數。在資訊理論中，使用2為基底的對數更方便。

31. 注意我們分得出不同及相同的粒子，但我們無法分出相同及不可分辨的粒子（這是它們在口語上視為同義物的理由）。也注意，至少理論上我們可以連續從不同的粒子變化為相同的粒子，但是我們不能連續將相同的粒子改變為不可分辨的粒子。粒子若不是可分辨的，就是不可分辨的。不可分辨性不是從日常生活中觀察到的，它是自然界賦予粒子的本質。

32. 這兩個同分異構物以不同的方向旋轉偏極光，l（代表levo）向左轉，d（代表dextro）向右轉。

33. 暫時以B代表波茲曼，A代表亞利爾（Arieh）。

34. 其他歷史上較早有關機率問題的解釋見David（1962）。

35. 有關「表象事件」的名詞將於之後的章節討論。

第三章　我們先來玩真的骰子吧

1. 見第二章的注1。

2. 在此使用表象事件，指的是忽略組成細節的事件。

第四章　玩簡化的骰子，並初窺第二定律

1. 後面我們會由任意組態開始，但一開始先假設初始組態是「全0」的組態。

2. 程式很簡單，先選一個從1到N之間的數字，然後改變這個特定位置的骰子的面向，得到1到6中間的一個數字。

3. 一「輪」指的是完成已事先決定「步驟」數的完整遊戲。

4. 在第二定律的原子論中，特定及表象組態相當於系統的微觀及巨觀狀態。我們會在第七章中討論。

5. 但是，請注意平衡線沒有特定組態的特徵。事實上，它是在這個遊戲中包括最大數目特定組態的表象組態，這兒平衡線的意思，和第七章中討論的熱力學系統的平衡狀態相關，但不相同。

6. 在真實過程中，主要是溫度決定過程的速率，但是不管在遊戲或真實過程中，我們都對速率沒有興趣（也見於第七章）。

7. 近來，即使物理常數的恆久不變都受到質疑，我們並不真的知道，像光速這些常數，在宇宙的時間尺度上，是否不曾改變或未來也不會改變，見Barrow and Webb（2005）。

第五章 用五官感受體驗第二定律

1. 用物理名詞的說法，顏色是某一頻率的電磁波；特定的波進入眼睛，聚集在視網膜的柱狀細胞，然後將信息傳遞到腦；因此，經由這個過程，我們看到的信號是「顏色」。

2. 用物理名詞的說法，嗅覺是特定結構的分子，吸附於鼻腔內的表面受體上，信號於此傳遞至腦部，經過處理而聞到特定香味。

3. 如同嗅覺，味覺是由特定結構的分子，吸附在舌上的味蕾細胞，訊息於此傳遞至腦部，經過處理製造出味覺。

4. 用物理名詞的說法，聲波到達耳鼓造成振動，傳導至內耳，訊息從這兒送至腦部，經過處理後產生特定的音調。

5. 觸摸的感覺，由感應壓力及溫度的皮膚之下的神經細胞產生；細胞傳遞信息到腦部，經過處理後產生壓力、溫度及或許疼痛的感覺。

6. 這是個極端假設的實驗，我們將在第七章討論用原子取代骰子的真實實驗。然而我們可以想像分子有不同的顏色、味道或嗅味，但沒法給分子「溫度」；我們感覺到的溫度是分子動能分布的結果。要模擬類似的真實實驗，應該使用具有無限「面」的骰子，每一面代表分子可能的不同速率。

7. 我們也需要假設有一種機制，可以使熱面及冷面都維持在固定的溫度。在這兒，防止骰子的不同面向達到溫度平衡，以及在骰子碰觸我們的手或溫度計後維持恆溫，是非常困難的。

第六章　用常識理解第二定律

1. 沒有需要這樣做，但是我們這樣做使得「骰子熵」的行為，與第七章討論的真實熵一致。

2. 同等的量是（n–N/2）的平方，即（n–N/2）^{2}。

3. 請記得我們第四章結尾討論用「永遠」及「絕不會」的字眼的意涵。

4. 再一次，這樣做並不必要，記得在H定理中，H量也朝平衡方向減少（見第一章）。

5. 假如你喜歡，也可以把它除以N/2以「歸一」這個數，使它從「0」開始到「1」結束。

6. 因為我們只對熵的變化有興趣，絕對熵加一個常數沒關係。而熵的單位是由相乘的常數而來的。見第七章及第八章。

7. 這個定義也適用於較一般的案例，表象描述是「在N個骰子的系統有nA個A面，nB個B面等等」。

8. 我們可以用「資訊」或「欠缺的資訊」這兩個名詞，第一個名詞適用於存在於系統中的資訊，第二個名詞是用來問，我們需要得到多少資訊，才可以得知**特定**狀態或特定組態。

9. 我們能證明這個數字是$\log_2 N$，即骰子數目以2為底之log值，N是骰子的數目，在這個例子中，它也是特定組態的數目。

10. 這段落中討論的MI，完全是隨N及n（n＜N/2）增加的函數。在骰子實驗裡，我們監測的MI，其行為表現和第四章的曲線一樣，總和是步驟數的函數。

11. 問題的數目是$\log_2 W$，W=N!/(N–n)!n!，W是放n個「1」（或銅板）在N個骰子（或N個盒子）裡時所有組態的總和。注意這個

數字對n=N/2是對稱的，n=N/2時W最大。

12. 這方面Shannon（1948）已經討論過，這個主題更詳細的說明見Ben-Naim（2007）。

13. 真的，我們從來對系統熵的絕對值沒興趣，重要的和可量測的，只是熵的差異。

14. 這裡，「常識」只是邏輯觀念，直至最近演化理論都與「常識」距離遙遠，只有在發現DNA以後，從分子層級了解演化機制，演化理論才成為常識。

15. 更普通的陳述是「系統朝向更大的無序演變」，我們在第八章中會加以評論。

16. 注意我用的是「這些表象事件」，而與平衡線相關的「特定表象事件」，後者有最大的機率，但不是1！「這些表象事件」指的是與平衡線及其附近的相關表象事件，第七章中會有更多的敘述。

第七章　從骰子世界轉譯至真實世界

1. 這裡指的是熱力學觀點的平衡狀態，應與平衡線分清楚，本章後續會清楚的區分它們。

2. 這種過程是「準過程」，若洞夠小，我們不需要在每次原子通過時開、關，系統不位於平衡狀態，但可量測的數量如密度、溫度、顏色等等，會非常緩慢的變化，如同我們正經過一系列的平衡狀態。

3. 見第二章中討論的費米子與玻色子。

4. 在古典力學裡，若知道所有粒子在某時間的確切位置及速率，原則上就可以預測所有粒子在任何其他時間的位置及速率，但是這麼巨量的資訊無法列舉，更無法來解10^{23}個粒子的運動方程式。統計力學的卓越成功之處，在於不朽的見證了把統計論點運用到巨大數目粒子系統的正確性。

5. 意圖從粒子的力學來預測機率是深奧而困難的問題。從波茲曼開始的努力都失敗了。原則上，我們無法從運動的決定型（derterministic）方程式導出機率；反之眾所周知的是，有很多粒子隨意移動的系統，顯示驚人的規律和可預測的行為。

6. 這樣的系統當然不可能是真實的，真實化這樣的系統，等同知道每一個粒子在任何時間的確切位置及速率。

7. 這兩個同分異構物將偏極光的平面向右旋轉（dextro）或向左旋轉（levo）。

8. 這個過程稱為異化，即同化過程的逆反應，一些教科書中，把這過程錯誤的稱為混合，更詳細的說明見Ben-Naim（1978, 2006）。

9. 直觀上這是無疑的；因為兩個同分異構物除了互為彼此的鏡像外，其餘都一樣，沒有理由在平衡時，一種型式的分子會多於另一種。同理，在擴散過程中，在R及L中有幾乎相同數目的粒子（假設兩個空間的體積一樣）。

10. 在理想氣體的系統裡，只有兩種資訊：位置與速率。粒子的身分不包含新資訊，但是改變身分確實也改變了資訊（更多細節見Ben-Naim, 2007）。

11. 我們說到N/2個粒子時，意指接近N/2個粒子。

12. 不再是原子撞擊隔板的小洞，從R跨越到L或從L到R的機率，而是同分異構物經由撞擊獲得足夠的能量，從d型到l型或從l型到d

型的機率，或撞擊催化劑，使它誘發一種同分異構物轉變為另一種的機率。

13. 我們也能藉由混合兩種不同的氣體，達到相同的效果，如圖1.4所示。在這個案例中，可以連續但不均勻的監測系統的顏色（氣味或味道）， 就如同本節描述的過程一樣。

14. 這兒要注意一個細微的重點。我們談的資訊是粒子的位置在L或R，我們可以把系統分割為很多較小的盒子，R有4個小盒子，L也有4個小盒子。在這種情形下，因為我們要明白說明哪一個粒子在哪一個小盒子中，因此初始狀態的資訊是不同的，最後狀態的資訊也不同。但是假設兩個空間的分隔一樣，資訊（及熵）的差異與內部的隔間是互不相干的。詳細說明見Ben-Naim（2006, 2007）

15. 在Brillouin的書（1962）中，有個尷尬的陳述：「機率傾向於成長」，這可能是筆誤。他的意思可能是，低機率的事件演變為高機率的事件；機率本身是不變的。

16. 通常，我們可以從（1+1）$^N = 2^N = \sum_{n=0}^{N} \frac{N!}{n!(N-n)!}$ 得到這個等式。

17. 「接近」最大的表象$N/2$，在此接近的意思是在N的很小百分比範圍內，如N的0.001％。這些狀態非常靠近，以致於在實驗上是分辨不來的。如果我們從隔板分離的兩個空間都正好有$N/2$個粒子的系統開始，移開隔板後，狀態數從$\frac{N!}{(N/2)!(N/2)!}$增加為2^N，狀態數的變化非常大。但是，當N很大，到接近10^{23}數量級時，我們看不出系統有任何變化，每一個空間幾乎都含有$N/2$個左右的粒子。

18. 假設當下的粒子是可以標示的。

19. 機率是$(2N)!/(N!)^2 \times 2^{-2N}$。

20. 我們無法分辨非常接近的表象狀態,如表象N和表象N+1或表象 N+1000。這種不可分辨性與相同表象狀態中特定狀態的不可分 辨性不同,前者是實務上的不可分辨,後者是原理上的不可分 辨。

21. 為了定義每一表象組態的熵,我們必須在要計算熵的每一點,開 關空間中間的小洞,這種方式得以讓系統進行一系列的平衡狀 態。

22. 有時熵用能量分布來描述,請注意「分散」跟「有序」一樣,有 時恰當,但不是永遠恰當,就如同這個例子所示。

23. Shannon(1948),第20節。MI的更詳細討論見Ben-Naim (2007)。

24. 假設我們以準靜態進行這個過程,即讓熱傳導非常緩慢的進行, 使兩種氣體在每一階段,都幾乎維持在平衡狀態。我們可以想成 氣體經由一個小洞從一個空間到另一個空間,如同擴散過程,或 者可以想成一個非常差的熱傳導物質連接二個系統。

25. 所有的知識都可以由物理學提供;這是真的,雖然有些知識是從 第二定律形成及研究後才能得到,但這兒我們假設已經事先得到 了這些資訊。

26. 這點不重要,但是較容易想像這樣一個極端的案例,每一次只有 一個粒子可以經由小洞,從任一邊跨越。

第八章　熱力學第二定律在物理定律的地位

1. 假如物質不是由原子及分子組成的，就沒有任何神祕了，因為這些現象都不會發生，古典熱力學中闡述的第二定律根本就不會存在。

2. 這兒「有道理」用在一般經驗的感覺，而不是邏輯性的感覺。

3. 見第一章，我們再一次引述克勞修斯選用「熵」這個字的緣由，克勞修斯：「仿照希臘字『轉換』，我提議用S來代表熵。」

4. Merriam Webster's（2004）。

5. Greene, B.（2004）。

6. 唯一的例外是加莫夫的書《從一到無窮大》（*One, Two, Three Infinity*）中有一個章節〈神祕的熵〉，在結尾寫道：「如你所見，這當中沒什麼會嚇到你的。」

7. Atkins（1984）。

8. 很有趣，有很多書以「熵」及「第二定律」當書名（見〈參考資料及延伸閱讀〉中的書名），就我所知沒有任何一項物理定律得到如此禮遇。

9. Atkins（1984）。

10. Penrose（1989,1994）。

11. 見本章注1。

12. 更有甚者，夏濃在要求滿足一些條件下，建立了度量資訊或不確定性的方法，這些條件對資訊是合理的，對無序則不然。進一步閱讀這方面的熵，見Ben-Naim（2007）。

13. 見Tribus（1961）及Jaynes（1983）的論文，兩者都討論資訊理論對熵的詮釋。

14. 微觀狀態和巨觀狀態在這兒稱為特定及表象組態或狀態、事件。

15. Atkins（1984）。

16. 原文用dimensionless，就是意指無單位或缺乏單位。

17. 導出的式子（對質量m的原子而言）是3kT/2=mv/2，T是絕對溫度，v是原子平均速率的平方，k是波茲曼墓碑上的k。

18. 這樣子，3kT/2=mv/2會變成較簡單的3T̄/2=mv/2，理想氣體狀態方程式中的氣體常數R，改為亞佛加厥常數N_{AV}=6.022×10^{23}，而莫耳方程式將從PV＝RT改成PV=N_{AV}T。

19. 波茲曼方程式假設我們知道，要計數W中的何種組態，就我所知，此方程式在非相對論熱力學中未受挑戰。在黑洞熵的情況下，真的不知道是否還站得住腳。我感謝Jacob Bekenstein的評論。

20. 參見，Tribus, M and McIrvine, E.C.（1971），*Energy and Information*, Scientific American, 225, pp. 179-188。

21. 就像在物理中很多領域一樣。

22. 注意熵仍然是個非常巨大的量，也就是說，它將與系統的大小成比例。

23. Jacob Bekenstein（2003）的論文有引述。

24. 是非題給你一個位元的資訊，一本書通常有一百萬個位元，世界上所有的印刷品估計有10^{15}個位元；在統計力學上我們處理的資訊有10^{23}數量級或更多的位元。我們可以用美分、美元或歐元來定義資訊，假如一美分買一位元的資訊，那麼得花一百萬美分（一萬美元）才能買到一本書的資訊；一克水中所包含的資訊，用盡世界上所有的錢都買不到！

25. Greene（2004）第13頁。

26. 這兒，我們與古典（牛頓）力學或統計力學定律有關，他們具有時間對稱性；而有些包括基本粒子的現象是不能逆轉的。但是沒有人相信這些是第二定律的根源；我感謝Jacob Bekenstein的評論。

請參考艾丁頓（Arthur Eddington）的著作《物理世界的本質》（*The nature of Physical world*），劍橋大學出版社（1928）。

27. Gamov（1940,1999）

28. 或許我們在這兒應注意到，沒有任何自然定律限定人類或其他生物的壽命，然而可能有一些基本的對稱定律排除它；光速及蒲朗克常數也可能有相同狀況。假如那是正確的，則沒有一樣加莫夫的想像能在光速或蒲朗克常數有不同數值的「世界」體會到。

29. 雖然我對宇宙學的知識有限，我相信我在本章節所言也適用於黑洞熵中所用的「廣義第二定律」，見Bekenstein（1980）。

30. 我這兒不是說解決了粒子運動方程式就能推出第二定律，而是說，要從系統的統計行為來搞定，第一種方法對於有10^{23}個粒子的系統是不實際的。

31. 再一次，我無意用解出組成蛋的所有粒子的運動方程式，來預測摔落地上的蛋的行為，然而原則上，只要知道組成蛋的所有分子的可能自由度，我們就能預測摔落地上的蛋的最可能命運。

參考資料及延伸閱讀

Atkins, P.W. (1984), *The Second Law*, Scientific American Books, W. H. Freeman and Co., New York.

D' Agostini, G. (2003), *Bayesian Reasoning in Data Analysis, A Critical Introduction*. World Scientific Publ., Singapore.

Barrow, J.D. and Webb, J.K. (2005), *Inconstant Constants*, Scientific American, Vol. 292, 32.

Bekenstein, J.D. (1980), *Black-Hole Thermodynamics, Physics Today*, January 1980 p. 24.

Bekenstein, J.D. (2003), *Information in the Holographic Universe*, Scientific American, Aug. 2003 p. 49.

Ben-Naim, A. (1987), Is Mixing a Thermodynamic Process? *Am. J. of Phys.* 55, 725.

Ben-Naim, A (2006), *Molecular Theory of Liquids*, Oxford University Press, Oxford.

Ben-Naim, A (2007), *Statistical Thermodynamics Based on Information*, World Scientific, in press.

Bent, H.A. (1965), *The Second Law*, Oxford-Univ. Press, New York.

Bennett, D.J. (1998), *Randomness*, Harvard University Press, Cambridge.

Bridgman, P.W. (1941), *The Nature of Thermodynamics*, Harvard Univ. Press.

Brillouin, L. (1962), *Science and Information Theory*, Academic Press.

Broda, E. (1983), *Ludwig Boltzmann. Man. Physicist. Philosopher*. Ox Bow Press, Woodbridge, Connecticut.

Brush, S.G. (1983), *Statistical Physics and the Atomic Theory of Matter, from Boyle and Newton to Landau and Onsager*, Princeton Univ. Press, Princeton.

Callen, H.B. (1985), *Thermodynamics and an Introduction to Thermostatics*, 2nd edition, John Wiley and Sons, US and Canada.

Carnap, R. (1950), *The Logical Foundations of Probability*, The University of Chicago Press, Chicago.

Carnap, R. (1953), *What is Probability?* Scientific American, Vol. **189**, 128–138.

Cercignani, C. (2003), *Ludwig Boltzmann. The Man Who Trusted Atoms*, Oxford Univ. Press, London.

Cooper, L.N. (1968), *An Introduction to the Meaning and Structure of Physics*, Harper and Low, New York.

David, F.N. (1962), *Games, Gods and Gambling, A History of Probability and Statistical Ideas*, Dover Publ., New York.

Denbigh, K.G. and Denbigh, J.S. (1985), *Entropy in Relation to Incomplete Knowledge*, Cambridge Univ. Press, Cambridge.

Falk, R. (1979), *Revision of Probabilities and the Time Axis*, Proceedings of the Third International Conference for the Psychology of Mathematics Education, Warwick, U.K. pp. 64–66.

Fast, J.D. (1962), *Entropy*, The significance of the concept of entropy and its applications in science and technology, Philips Technical Library.

Feller, W. (1950), *An Introduction to Probability Theory and its Application*, John Wiley and Sons, New York.

Feynman R. (1996), *Feynmann Lectures*, Addison Wesley, Reading.

Fowler, R. and Guggenheim, E.A. (1956), *Statistical Thermodynamics*, Cambridge Univ. Press, Cambridge.

Gamov, G. (1940), *Mr. Tompkins in Wonderland*, Cambridge University Press, Cambridge.

Gamov, G. (1947), *One, Two, Three...Infinity, Facts and Speculations of Science*, Dover Publ., New York.

Gamov, G. and Stannard, R. (1999), *The New World of Mr. Tompkins*, Cambridge University Press, Cambridge

Gatlin, L.L. (1972), *Information Theory and the Living System*, Columbia University Press, New York.

Gell-Mann, M. (1994), *The Quark and the Jaguar*, Little Brown, London.

Gnedenko, B.V. (1962), *The Theory of Probability*, Chelsea Publishing Co., New York.

Greene, B. (1999), *The Elegant Universe*, Norton, New York.

Greene, B. (2004), *The Fabric of the Cosmos, Space, Time, and the Texture of Reality*, Alfred A. Knopf.

Greven, A., Keller, G. and Warnecke, G. editors (2003), *Entropy*, Princeton Univ. Press, Princeton.

Guggenheim, E.A. (1949), Research 2, 450.

Jaynes, E.T., (1957), Information Theory and Statistical Mechanics, *Phys. Rev.* 106, 620.

Jaynes, E.T. (1965), Gibbs vs. Boltzmann Entropies, *American J. of Physics*, 33, 391.

Jaynes, E.T. (1983), Papers on Probability Statistics and Statistical Physics, Edited by R.D. Rosenkrantz, D. Reidel Publishing Co., London.

Jaynes, E.T. (2003), *Probability Theory With Applications in Science and Engineering*, ed. G.L. Brethhorst, Cambridge Univ. Press, Cambridge.

Katz, A. (1967), *Principles of Statistical Mechanics, The Information Theory Approach*, W. H. Freeman and Co., San Francisco.

Kerrich, J.E. (1964), *An Experimental Introduction to the Theory of Probability*, Witwatersrand University Press, Johannesburg.

Lebowitz, J.L. (1993), Boltzmann's Entropy and Time's Arrow, *Physics Today*, Sept. 1993, p. 32.

Leff, H.S. and Rex, A.F. (eds) (1990), *Maxwell's Demon: Entropy, Information, Computing*, Adam Hilger, Bristol.

Lewis, G.N. (1930), The Symmetry of Time in Physics, *Science*, 71, 0569.

Lindley (2001), *Boltzmann's Atom*, The Free Press, New York.

Morowitz, H.J. (1992), *Beginnings of Cellular Life. Metabolism Recapitulates*, Biogenesis, Yale University Press.

Mazo, R.M. (2002), *Brownian Motion, Fluctuations, Dynamics and Applications*, Clarendon Press, Oxford.

Nickerson, R.S. (2004), *Cognition and Chance, The Psychology of Probabilistic Reasoning*, Lawrence Erlbaum Associates, Publishers, London.

Papoulis, A. (1965), *Probability, Random Variables and Stochastic Processes*, McGraw Hill Book Comp. New York.

Penrose, R. (1989), *The Emperor's New Mind*, Oxford Univ. Press, Oxford.

Penrose, R. (1994), *Shadows of the Mind. A Search for the Missing Science of Consciousness*. Oxford Univ. Press, Oxford.

Planck, M. (1945), *Treatise on Thermodynamics*, Dover, New York.

Prigogine, I. (1997), *The End of Certainty, Time, Chaos, and the New Laws of Nature*, The Free Press, New York.

Rigden, J.S. (2005), *Einstein 1905. The Standard of Greatness*, Harvard Univ. Press, Cambridge.

Schrodinger, E. (1945), *What is life?* Cambridge, University Press, Cambridge.

Schrodinger, E. (1952), *Statistical Thermodynamics*, Cambridge U.P., Cambridge.

Shannon, C.E. (1948), The Mathematical Theory of Communication, *Bell System Tech Journal* 27, 379, 623; Shannon, C.E. and Weaver, (1949) W. Univ. of Illinois Press, Urbana.

Tribus, M. and McIrvine, E.C. (1971), Entropy and Information, *Scientific American*, 225, pp. 179–188.

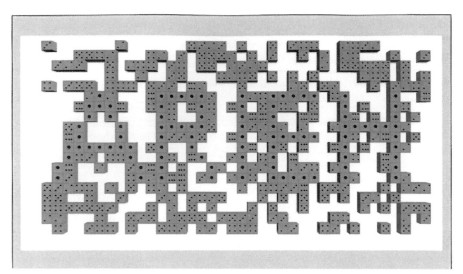

無序？

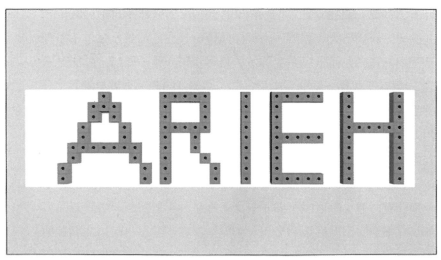

無序？

國家圖書館出版品預行編目(CIP)資料

熵的神祕國度 / 貝南(Arieh Ben-Naim)著；王碧,
牟昀譯. -- 第一版. -- 臺北市：遠見天下文化,
2013.08
　　面；　公分. --(科學天地；129)
譯自：Entropy demystified

ISBN 978-986-320-260-8(半裝)

1.熵

335.62　　　　　　　　　　　102015760

科學天地 129

熵的神祕國度
Entropy Demystified

The Second Law Reduced to
Plain Common Sense with
Seven Simulated Games
Expanded Edition

原著 —— 貝南（Arieh Ben-Naim）
譯者 —— 王碧、牟昀
科學叢書策劃群 —— 林和（總策劃）、牟中原、李國偉、周成功

總編輯 —— 吳佩穎
編輯顧問 —— 林榮崧
責任編輯 —— 林文珠
美術編輯暨封面設計 —— 江儀玲

出版者 —— 遠見天下文化出版股份有限公司
創辦人 —— 高希均、王力行
遠見・天下文化 事業群榮譽董事長 —— 高希均
遠見・天下文化 事業群董事長 —— 王力行
天下文化社長 —— 林天來
國際事務開發部兼版權中心總監 —— 潘欣
法律顧問 —— 理律法律事務所陳長文律師
著作權顧問 —— 魏啟翔律師
地址 —— 台北市 104 松江路 93 巷 1 號 2 樓

讀者服務專線 —— 02-2662-0012 ｜ 傳真 —— 02-2662-0007, 02-2662-0009
電子郵件信箱 —— cwpc@cwgv.com.tw
直接郵撥帳號 —— 1326703-6 號 遠見天下文化出版股份有限公司

電腦排版 —— 極翔企業有限公司
製版廠 —— 東豪印刷事業有限公司
印刷廠 —— 中原造像股份有限公司
裝訂廠 —— 中原造像股份有限公司
登記證 —— 局版台業字第 2517 號
總經銷 —— 大和書報圖書股份有限公司　電話／(02)8990-2588
出版日期 —— 2013 年 8 月 30 日第一版第 1 次印行
　　　　　　2023 年 9 月 21 日第一版第 2 次印行

定價 —— NTD330 元
書號 —— BWS129
ISBN 978-986-320-260-8

天下文化書坊 —— http://www.bookzone.com.tw